Territoire métropolitain de Montréal

Milieu physique et démographique

Edmond Pauly

avril 2020

Titre: Territoire métropolitain de Montréal

Auteur: Edmond Pauly, M.A. Géographie, Montréal

Éditeur: Edmond Pauly, Dollard-des-Ormeaux, Québec, Canada

Livre broché https://www.amazon.ca/dp/B0983XVD6T

Photo aérienne de la page-titre provient d'une application Google Earth Pro

ISBN 978-2-9803552-4-0

Dépôt légal Bibliothèque et Archives nationales du Québec

Table des matières

Introduction

Durant les années 1980, j'ai enseigné un cours de géographie de Montréal qui s'adressait à de futurs guides touristiques reconnus par la Ville de Montréal. Ce cours était résumé dans un syllabus que j'ai décidé de remettre à jour.

Ce nouveau livre va faire découvrir le territoire métropolitain de Montréal sous ses aspects physiques et démographiques. Il permettra aux lecteurs de trouver les réponses aux questions suivantes.

Quels sont les avantages de la situation géographique de Montréal en Amérique du nord? Quel fut le site de départ de la ville sous Champlain? Quelles sont les surfaces et les distances des cinq composantes du territoire métropolitain? Quels sont les roches exploitables dans le sous-sol montréalais et quels sont leurs usages? Quelles sont les formes de relief dans le centre de Montréal et sa périphérie? Quelle est l'origine des collines montérégiennes? Quelles sont les caractéristiques des cours d'eau qui traversent l'archipel de Montréal de l'ouest vers le nord-est? Quelles sont les caractéristiques particulières des lacs fluviaux? Quels sont les toponymes des 228 îles situées dans les cours d'eau qui circulent dans la CMM? Quels sont les facteurs climatiques qui caractérisent le type de climat de Montréal? Quel est le niveau de la qualité de l'air dans le Grand Montréal?

Quelle est la taille démographique et la densité de population dans les 82 municipalités qui font partie de la métropole? Quelle est son évolution depuis 50 ans? Quelle est la structure de la population selon les groupes d'âge et genre dans les 5 composantes de la métropole? Quelle est l'importance des trois groupes linguistiques dans la métropole et l'île de Montréal? Quelles sont les diverses structures administratives qui sont élues pour gérer le territoire métropolitain de Montréal?

Chapitre 1 Situation, site et superficie

1.1 Situation de Montréal

Montréal est une ville située au centre d'une plaine alluviale fertile ayant 130 km de largeur et environ 500 km de longueur entre l'estuaire du fleuve Saint-Laurent et le début des Grands Lacs.

La plaine de Montréal est bordée au nord-ouest par les Laurentides et au sud-est par les Appalaches.

Au centre de cette plaine, Montréal est localisé au carrefour de plusieurs voies naturelles selon quatre directions différentes:

1- le Bas Saint-Laurent, voie d'eau du nord-est vers l'Atlantique

2- le Haut Saint-Laurent, voie d'eau au sud-ouest venant des Grands Lacs

3- l'Outaouais, ancienne voie d'eau vers le nord-ouest (Abitibi et le nord de l'Ontario)

4- le Richelieu, affluent qui se jette dans le lac Champlain qui alimente l'Hudson, grand couloir naturel vers le sud jusqu'à New York.

Ce sont les avantages de situation de carrefour de ces voies d'eau naturelles qui ont polarisé par la suite de nombreuses voies de communications artificielles vers Montréal, se présentant sous la forme d'une toile d'araignée. Les voies artificielles se sont installées progressivement, d'abord les voies ferrées, plus tard les autoroutes et les lignes aériennes.

Par sa situation de carrefour de communications, Montréal tend à devenir la capitale des transports ou la porte d'entrée des produits, des personnes et des capitaux dans l'est du Canada et au centre-sud du Québec.

Dans l'oecoumène canadien, Montréal est au coeur du corridor Québec-Windsor où se concentrent les deux-tiers de la population canadienne.

Par contre dans l'oecoumène québécois, Montréal présente une position excentrique et frontalière, moins intéressante que les villes de Trois-Rivières ou Québec.

Dans l'Amérique du nord, Montréal est situé sur un des sommets du triangle d'or nord-américain dont les deux autres sommets sont occupés par New York et Chicago. À l'intérieur de ce triangle, s'y concentrent une population dense à très hauts revenus et des activités industrielles et financières des plus puissantes du monde occidental.

Même si Montréal se situe sur l'extrémité nord de ce triangle, il offre une position de porte d'entrée entre l'Europe ou la Russie où la circulation est moins encombrée et par conséquent plus rapide et aisée que dans la mégalopole du nord-est américain entre Boston et Washington.

Selon les coordonnées géographiques, Montréal se situe à 45° 30' de latitude nord et à 73° de longitude ouest.

La latitude de Montréal place cette ville sur le globe en un point à mi-chemin entre l'équateur et le pôle nord, d'où la présence à Montréal d'un climat de la zone tempérée. Montréal est sur la même latitude que Bordeaux en France, Venise en Italie, Odessa en Ukraine sur la mer Noire ou Sapporo au nord du Japon.

La longitude de Montréal permet de connaître le décalage horaire entre Montréal et d'autres villes dans le Canada et dans le monde.

Comme la Terre tourne sur elle-même de 360 degrés en 24 heures, chaque fuseau horaire équivaut à 360/24 ou 15 degrés de longitude. Montréal qui est à 73 degrés à l'ouest de Greenwich (Londres) se situe à -5 GMT (Greenwich Mean Time ou Temps Universel). En été, l'heure de Montréal devient l'heure avancée de l'Est ou -4 GMT.

Au Canada, il y a 2 fuseaux horaires à l'Est de Montréal: l'heure de l'Atlantique (+1 h) et l'heure de Terre-Neuve (+1 h 30). A l'ouest de Montréal, il y a 3 fuseaux horaires: l'heure du Centre (-1 h), l'heure des Rocheuses (-2 h) et l'heure du Pacifique (-3 h).

Montréal dans le continent américain se situe sur le même fuseau horaire que New York, Miami, Port-au-Prince, Bogota en Colombie et Santiago du Chili.

1.2 Site de Montréal

Le site d'une ville est un endroit précis où commence le développement urbain. Le site de Montréal s'explique par la présence de plusieurs éléments naturels.

C'est à Samuel de Champlain que revient l'idée d'avoir choisi le site de la future ville de Montréal. Il était qualifié pour le faire car il était connu comme un grand explorateur, un cartographe hors pair et un excellent géographe.

Lorsque Samuel de Champlain arriva sur l'île de Montréal, il se rendit rapidement compte qu'il serait avantageux pour le commerce de fourrure d'établir un poste de traite au carrefour des principales voies d'eau. C'est ainsi que le 28 mai 1611, il inspecta les abords de l'île au Grand Saut et il a choisi un endroit à la limite des eaux navigables, soit au pied des rapides de Lachine. Cet endroit se dénomme la Place Royale. Celle-ci fut défrichée à la limite de la Pointe-à-Callières qui forme un triangle délimité par les rues de la Commune, de la Place d'Youville et de Carrière, et ayant à sa pointe l'actuel monument à John Young.

À l'époque, la petite rivière Saint-Pierre coulait à l'emplacement de la rue Place d'Youville. Cette rivière renforçait la protection de la Pointe-à-Callières. Elle offrait deux autres avantages: étant navigable sur une bonne partie de son cours, elle permettait de raccourcir le portage en contournant les rapides de Lachine, et à son embouchure dans le Saint-Laurent, elle occupait un petit havre à l'abri des courants forts dans le Saint-Laurent.

Sur un plan de Montréal de 1825, la rue Craig qui est devenue rue Saint-Antoine longeait la petite rivière Saint-Martin qui venant du nord se jetait dans le Saint-Laurent.

Les deux rivières Saint-Pierre et Saint-Martin délimitent une première ligne de défense naturelle pour les colons français face aux Iroquois. À l'été 1642, une quarantaine de colons s'installèrent en permanence sur les terres de la Place Royale sous la gouverne de Sieur Chomedey de Maisonneuve qui fut retenu comme le fondateur de la ville de Montréal.

Ce premier établissement montréalais formé de colons français et d'Indiens qui se sont convertis au catholicisme cultivaient les terres de la plaine alluviale du Vieux-Montréal et travaillaient au comptoir de la traite de fourrures.

Le premier site de Montréal est donc bien fixé à la Pointe-à-Callières proche de l'embouchure de deux cours d'eau: les rivières Saint-Pierre et Saint-Martin et en aval des rapides de Lachine, obstacle à la navigation maritime sur le Saint-Laurent.

Le site de Montréal convient mieux sur la rive nord ou gauche du Saint-Laurent que sur la rive sud ou droite du Saint-Laurent. La rive droite était dangereuse pour les inondations printanières car le niveau des terres se trouvait à 4 mètres sous le niveau le plus élevé du fleuve. Quand Jeanne Mance érigea son hôpital sur la rive nord, elle a choisi un repli surélevé de 20 mètres au-dessus du niveau du Saint-Laurent.

Le site primitif de Montréal sur la rive nord a connu un obstacle dans son expansion urbaine. Les deux ruisseaux Saint-Pierre et Saint-Martin qui servaient de dépotoirs devenaient un danger pour l'hygiène publique. Ils furent remblayés à l'emplacement des rues Saint-Pierre et Craig (Saint-Antoine).

Les premiers développements urbains de Montréal se sont installés sur les deux terrasses parallèles au fleuve Dorchester et Sherbrooke. Elles sont actuellement occupées par deux boulevards Dorchester devenu René-Lévesque et Sherbrooke.

L'expansion urbaine du centre de Montréal se trouve coincé entre le fleuve et le massif du mont Royal et ne pouvait donc s'étendre en direction est-ouest et non en direction nord. Plusieurs rues commerciales est-ouest furent développées: les rues Saint-Paul, Notre-Dame, Sainte-Catherine ainsi que les boulevards René-Lévesque et Sherbrooke. Le boulevard Saint-Laurent est la seule rue commerciale en direction nord. Elle se trouvait proche du Grand quai (ex-Alexandra) où arrivaient les immigrants par bateau.

Le site urbain du centre de Montréal entre le fleuve et le mont Royal lui donne un cachet original et très pittoresque que l'on peut observer au sommet du mont Royal ou à partir de l'observatoire de la Place Ville-Marie.

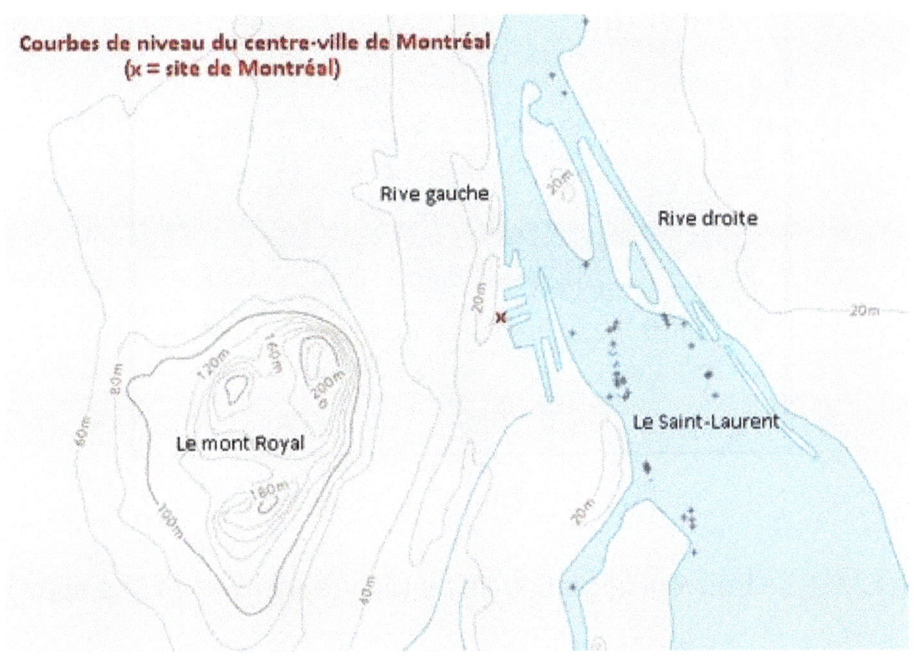

1.3 Superficie et composantes de l'archipel montréalais

L'archipel montréalais porte le nom amérindien de Hochelaga qui contient plus de 200 îles dont quatre sont plus étendues. L'île la plus vaste est celle de Montréal (483 km²), l'île Jésus ou Laval (267 km²), l'île Perrot (42 km²) et l'île Bizard (23 km²).

L'île Bizard fait partie de l'agglomération administrative de Montréal alors que l'île Perrot fait partie de la région administrative de la Montérégie ou de la couronne sud de Montréal.

L'archipel Hochelaga est administré par la Communauté métropolitaine de Montréal (CMM) constitué de 82 municipalités. Celles-ci sont regroupées en 5 entités: l'agglomération de Montréal (C), la municipalité de Laval (B), la couronne nord de Montréal (A), l'agglomération de Longueuil (D) et la couronne sud de Montréal (E).

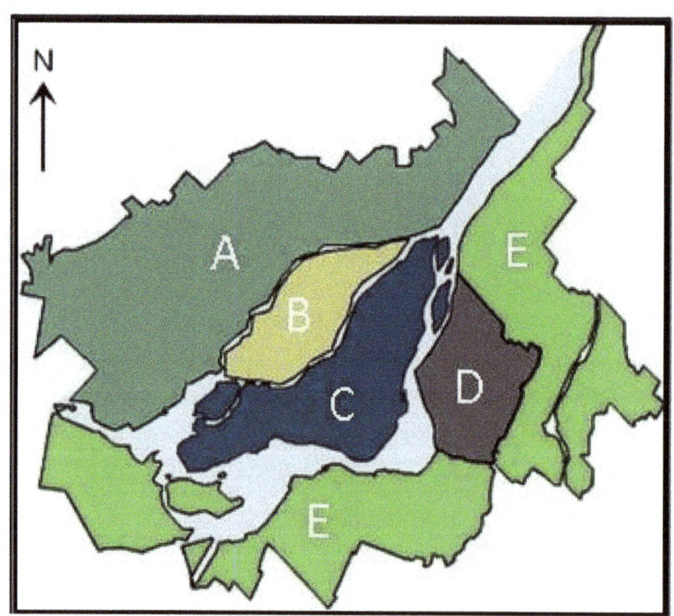

Au centre de la CMM, se trouvent la grande île de Montréal et ses 74 îles sous le nom d'agglomération de Montréal. Celle-ci est dominée en espace par la ville de Montréal divisée en 19 arrondissements et par 15 villes liées. Ces dernières ont refusé en 2006 de perdre le statut de municipalité urbaine. La surface totale de la ville de Montréal occupe 70% des 618 km² de l'agglomération. Les 15 villes liées n'occupent que 30% de cette agglomération. Elles se concentrent dans la partie occidentale de l'île habitée par des populations multiethniques avec une préférence anglophile. La partie orientale de l'île est habitée par une population majoritairement francophone. Une seule municipalité francophone, Montréal-Est, se trouve isolée à l'est de l'île parce qu'elle a refusé en 2006 de rester à l'intérieur de la ville de Montréal.

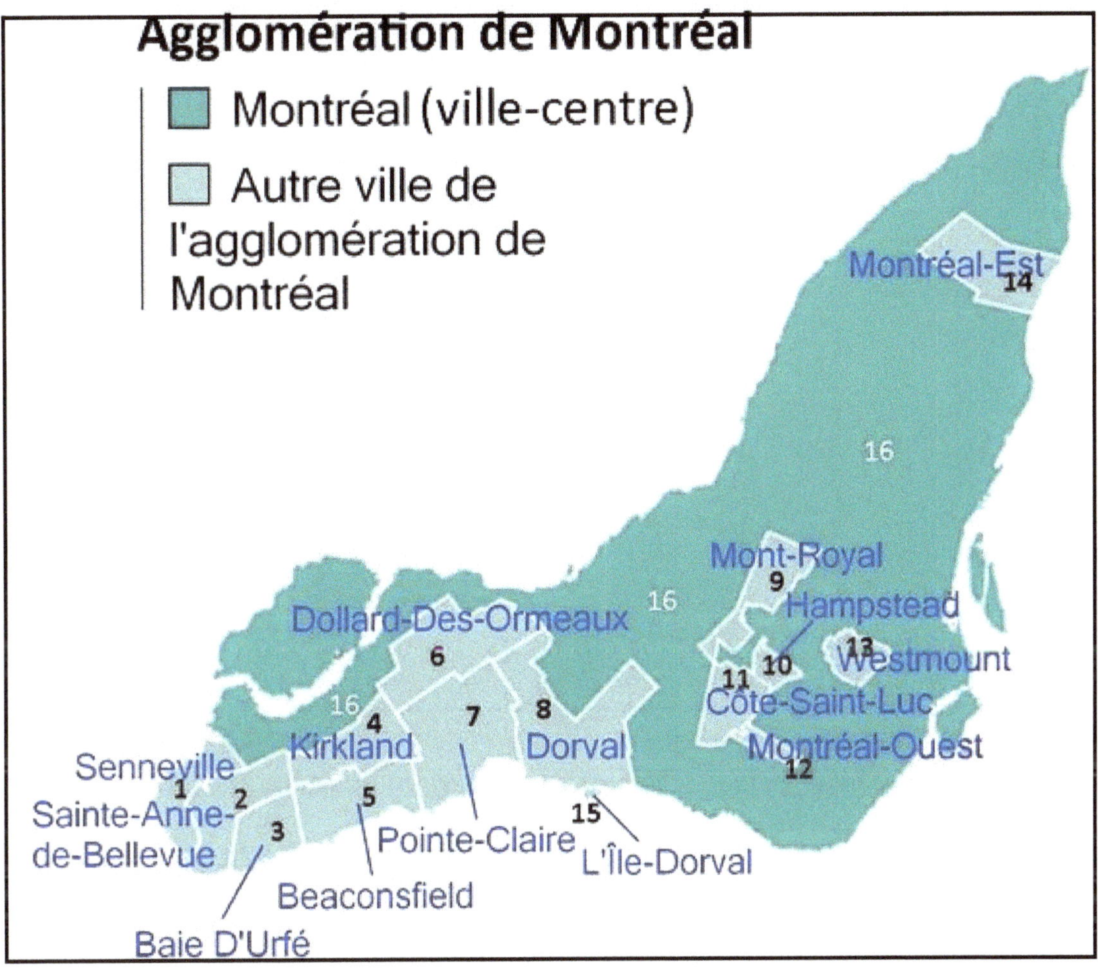

L'île Jésus qui était autrefois divisée en plusieurs municipalités ne forme qu'une seule municipalité, celle de Laval sur une surface totale de 267 km².

Au nord de Laval, la rive gauche de la rivière des Mille-Îles forme la couronne nord de Montréal qui est divisée en 20 municipalités dont l'espace urbanisé n'est que partiel. Leur surface totale est de 1433 km² qui équivaut au tiers de la surface métropolitaine de Montréal. Elle est supérieure à celle des 2 agglomérations centrales, qui est de 618 km² plus 267 km².

Sur la rive droite du Saint-Laurent, se trouve la couronne sud de Montréal ayant à son centre l'agglomération de Longueuil. Les 2 entités ont une surface proche de la moitié de la surface totale métropolitaine, soit un total de 1991 km² . La couronne sud couvre un long territoire de 1682 km² divisé en 40 municipalités entre Verchères et Hudson.

L'agglomération de Longueuil est formée de cinq municipalités sur une superficie de 309 km²: Brossard (A), Saint-Lambert (B), Saint-Bruno-de-Montarville (C), Boucherville (D) et Longueuil (E), Celle-ci est la plus étendue au centre de l'agglomération formée de 5 municipalités liées mais autonomes.

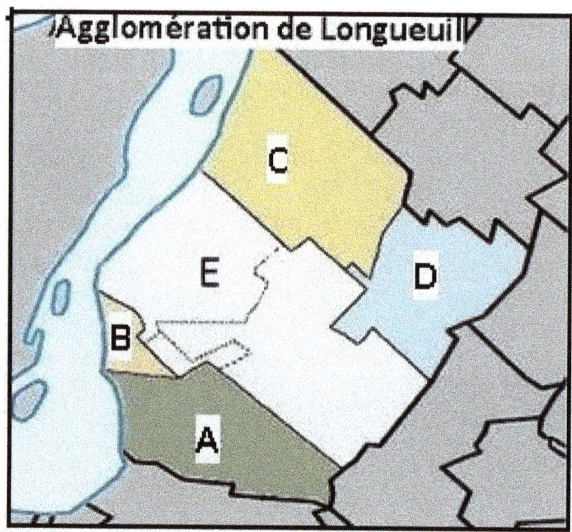

Un tiers de la surface totale de la CMM est urbanisé, un autre tiers est encore réservé à l'agriculture (1270 km²) et le dernier tiers devrait être protégé: les plans d'eau (525 km²), les parcs (100 km2), le couvert forestier (828 km²) et les milieux humides (208 km²).

Dans la communauté métropolitaine de Montréal (CMM), chaque municipalité a un statut autonome sauf celles qui font partie d'une des deux agglomérations suivantes: 15 dans l'agglomération de Montréal et 5 dans l'agglomération de Longueuil.

Les superficies de 82 municipalités de la CMM sont très inégales. Les trois plus étendues (Mirabel, Montréal et Laval) occupent 27% du territoire métropolitain.

Les 23 municipalités les plus petites de 10 km² et moins ne couvrent que 2,7% de la CMM.

Liste des 82 municipalités de la CMM regroupées selon les 5 entités et leur superficie.

Carte	Municipalités- CMM	ha	km2	Municipalités-CMM	ha	km²
	Laval	26 681	267	Varennes	11 421	114
E	Longueuil		123	Vaudreuil-Dorion	9 257	93
D	Boucherville	8 082	81	Contrecoeur	8 824	88
A	Brossard	5 212	52	Les Cèdres	8 809	88
C	Saint-Bruno-de-Montarville	4 313	43	Verchères	8 517	85
B	Saint-Lambert	1 003	10	Beauharnois	8 340	83
	Agglomération Longueuil		309	Saint-Jean-Baptiste	7 288	73
16	Montréal	43 173	432	Saint-Lazare	6 750	68
7	Pointe-Claire	3 466	35	Notre-Dame-de-l'Île-Perrot	6 543	65
8	Dorval	2 908	29	Carignan	6 507	65
5	Beaconsfield	2 440	24	Saint-Philippe	6 189	62
1	Senneville	1 860	19	Saint-Constant	5 712	57
6	Dollard-des-Ormeaux	1 509	15	La Prairie	5 466	55
14	Montréal-Est	1 396	14	Saint-Isidore	5 204	52
2	Sainte-Anne-de-Bellevue	1 118	11	Saint-Mathias-sur-Richelieu	5 001	50
4	Kirkland	963	10	Sainte-Julie	4 901	49
3	Baie-d'Urfé	802	8	Mercier	4 650	47
10	Mont-Royal	746	7	Châteauguay	4 632	46
11	Côte-Saint-Luc	681	7	Mont-Saint-Hilaire	4 538	45
13	Westmount	402	4	Saint-Mathieu-de-Beloeil	3 906	39
10	Hampstead	177	2	Saint-Amable	3 685	37
12	Montréal-Ouest	142	1	Saint-Basile-le-Grand	3 683	37
15	L'Île-Dorval	19	0	Hudson	3 639	36
	Agglomération Montréal		618	Calixa-Lavallée	3 281	33
	Mirabel	48 607	486	Richelieu	3 243	32
	Terrebonne	15 846	158	Saint-Mathieu	3 138	31
	Mascouche	10 760	108	Chambly	2 753	28
	L'Assomption	10 071	101	Beloeil	2 540	25
	Oka	9 652	97	Candiac	1 870	19
	Sainte-Anne-des-Plaines	9 432	94	Sainte-Catherine	1 593	16
	Saint-Eustache	7 244	72	Léry	1 063	11
	Repentigny	7 125	71	Pointe-des-Cascades	998	10
	Blainville	5 539	55	L'Île-Cadieux	889	9
	Saint-Sulpice	5 273	53	Delson	770	8
	Saint-Joseph-du-Lac	4 175	42	Pincourt	711	7
	Boisbriand	2 947	29	Otterburn Park	570	6
	Sainte-Marthe-sur-le-Lac	1 282	13	L'Île-Perrot	546	5
	Rosemère	1 218	12	McMasterville	337	3
	Pointe-Calumet	1 166	12	Vaudreuil-sur-le-Lac	276	3
	Sainte-Thérèse	936	9	Terrasse-Vaudreuil	121	1
	Deux-Montagnes	725	7	Couronne sud		1682
	Lorraine	602	6	Total CMM		4309
	Bois-des-Filion	491	5			
	Charlemagne	231	2			
	Couronne nord		1433			

Si la CMM voulait créer d'autres agglomérations avec les 60 municipalités des couronnes nord et sud, on pourrait en prévoir une dizaine ou moins. Elle aurait chacune une surface d'au moins 300 km². Pour réduire la prédominance de la ville de Montréal sur l'île de Montréal, l'île de Montréal pourrait se diviser en deux agglomérations celle de la ville de Montréal et celle de l'ouest de l'île. Cela permettrait de former un conseil métropolitain de 14 maires élus issus des 14 agglomérations. Ce conseil pourrait mieux administrer tout plan d'aménagement urbain qui respecterait l'environnement physique et social de la métropole de Montréal.

1.4 Les distances des composantes du territoire montréalais

La valeur des distances est une mesure plus facile à retenir et exprime mieux les grands espaces des composantes du Montréal métropolitain. Les distances utilisées sont à vol d'oiseau. Elles sont mesurées à partir des échelles des cartes de Toporama et de Google.

L'île de Montréal occupe une longueur de 53 km entre le pont de l'île aux Tourtes à Senneville et la pointe est de l'île à Pointe-aux-Trembles. Le centre de ce tracé est à 26.5 km dans le quartier Côte-des-Neiges et à 7,5 km de la rivière des Prairies ou du fleuve Saint-Laurent.

Les coordonnées de ce centre géographique de l'île de Montréal sont de 45,5°N et 73,64°O.

Ce centre est situé au carrefour des rues de la Savane et Jean-Talon

L'île Jésus est traversée par une longueur est-ouest de 33 km et une largeur nord-sud de 11 km. Le centre de l'île se situe au carrefour du boulevard Dagenais est et la route 335 et correspond aux coordonnées suivantes: 45,61°N et 73,71°O.

La couronne nord de Montréal est limitée à l'ouest avec la ville de Mirabel et à l'est par la ville L'Assomption sur une longueur de 76 km. La largeur moyenne de cette couronne est de 20 km entre la rivière des Mille-Îles et la frontière nord de Blainville.

La couronne sud de Montréal et l'agglomération de Longueuil occupe une distance très étendue de 125 km entre la limite ouest de Saint-Lazare et la limite orientale de Contrecoeur. Le centre de ce long tracé est situé au carrefour des autoroutes 10 et 30 dans la ville de Brossard. La largeur de cette couronne sud est étroite entre 12 et 19 km.

L'agglomération de Longueuil occupe une longueur de 26 km le long du fleuve Saint-Laurent et une largeur de 16 km entre le Saint-Laurent et la limite de Saint-Bruno.

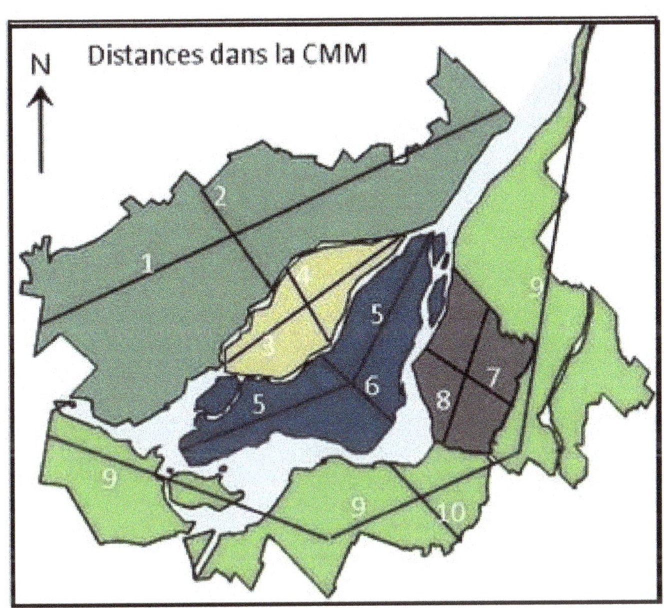

En dehors de ces 5 composantes du grand Montréal, il existe trois espaces aquatiques très étendus à l'ouest et au sud-ouest de Montréal: le lac des Deux-Montagnes, le lac Saint-Louis et le bassin de La Prairie

Le lac des Deux-Montagnes est un élargissement de la rivière des Outaouais en aval du barrage de Carillon jusqu'à Laval-Ouest sur une longueur de 27 km et une largeur entre 3 et 6 km. Au sud de la ville de Saint-Placide, il a une largeur de 3 km et au nord de Senneville, il mesure 3,7 km. Le traversier entre Hudson et Oka fait un parcours réduit d'un peu plus d'un kilomètre.

Données cartographiques ©2019 Google 5 km

Le lac Saint-Louis est un élargissement du fleuve Saint-Laurent à l'embouchure de la rivière des Outaouais à l'est de l'île Perrot sur une longueur de 25 km et une largeur de 10 km entre les villes de Beaconsfield et Léry.

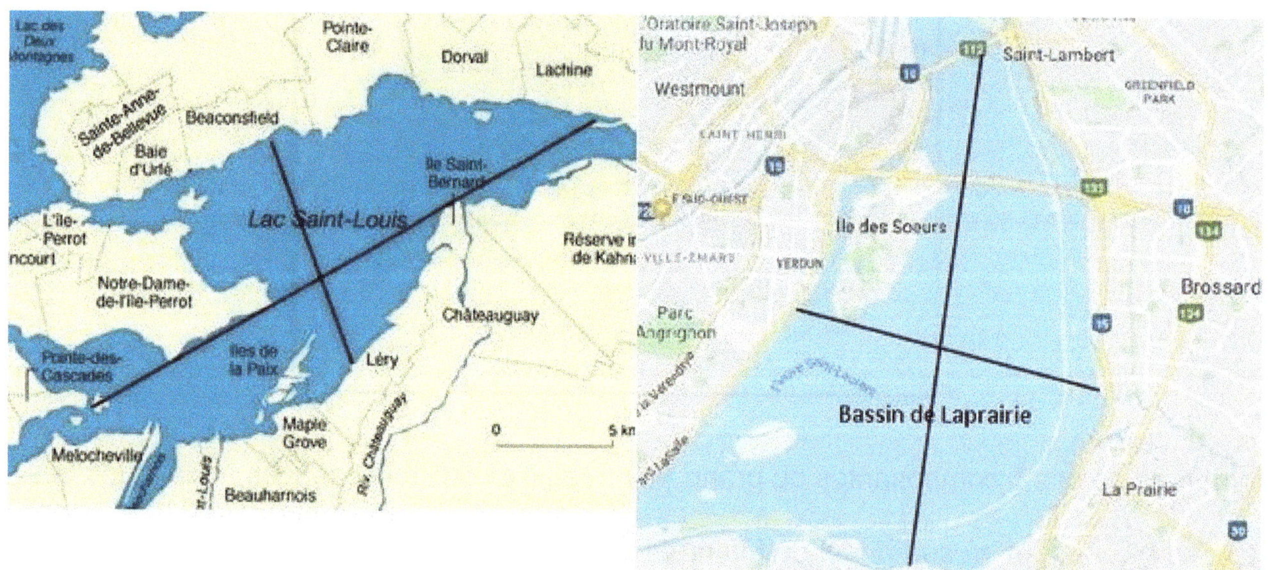

Enfin le bassin de La Prairie se présente comme un lac fluvial en aval des rapides de Lachine sur une longueur de 7,5 km et une largeur de 4,5 km. Les longueurs des lacs des Deux-Montagnes et Saint-Louis équivalent à la longueur totale de l'île de Montréal.

Chapitre 2 La géologie et le relief de Montréal

2.1 La géologie de Montréal

La géologie de Montréal se consacre à l'étude du sous-sol de Montréal dont l'exploitation a permis la construction de nombreux édifices et voies de communication.

L'étude géologique de Montréal suit un ordre chronologique subdivisé en cinq ères géologiques dénommées comme suit :

l'ère précambrienne : 4000 à 700 millions d'années

l'ère primaire ou paléozoïque : 700 à 225 millions d'années

l'ère secondaire ou mésozoïque : de 225 à 65 millions d'années

l'ère tertiaire ou cénozoïque : de 65 à 2 millions d'années

l'ère quaternaire ou anthropozoïque : 2 millions d'années à aujourd'hui

À l'ère précambrienne, s'est formé le substratum de la région de Montréal. Il est constitué d'une masse rocheuse rigide en granite et gneiss qui sont des roches très résistantes. Celles-ci dominent dans les Laurentides et le bouclier canadien. Elles affleurent au voisinage de Saint-Joseph-du-Lac et de Cartierville, près de la voie ferrée du Canadien National.

L'ère primaire se divise en six périodes ou systèmes géologiques : le cambrien, l'ordovicien, le silurien, le dévonien, le carbonifère et le permien.

Durant le cambrien, une mer a envahi l'île Perrot où s'est déposé le grès de Potsdam. Ce grès a été utilisé comme pierre de construction à Sainte-Anne-de-Bellevue et sur l'île Perrot, notamment les piliers du pont de Sainte-Anne-de-Bellevue entre le lac Saint-Louis et le lac des Deux-Montagnes. Autrefois, ce grès a servi dans la fabrication de verre et la construction du canal de Soulanges. La seule carrière qui exploite encore du grès de Potsdam est située à Melocheville près de la ville de Beauharnois.

La deuxième période de l'ère primaire, l'ordovicien, est subdivisée en six groupes correspondant à une submersion marine qui a entraîné des dépôts sédimentaires dans l'ordre suivant : le Beekmanton, le Chazy, le Black River, le Trenton, l'Utica et le Lorraine,

Le groupe Beekmanton recouvre l'ouest des îles de Montréal, Bizard et Laval. Ce groupe a déposé la dolomie, roche composée de bicarbonate de calcium et de magnésium, Cette roche n'a pas été utilisée à grande échelle comme pierre de construction. Elle a servi dans la construction des églises de Saint-Eustache, Sainte-Thérèse et Saint-Pierre dans la ville Mont-Royal et l'école Saint-Paul à Westmount. Plus d'une douzaine de petites carrières témoignent de son emploi comme matériaux de voirie.

Le groupe Chazy longe le groupe Beekmanton dans l'ouest de l'île de Montréal et au centre des îles Bizard et Laval. Une bonne partie du Chazy est composé de calcaires qui ont servi de pierres de construction et pierres concassées dans la région de Montréal. Ils sont aussi en demande continuelle dans les agrégats de béton. Sur l'île de Montréal, plusieurs anciennes carrières sont fermées actuellement : Cartierville, Bordeaux, Villeray, Saint-Laurent, Miron à Saint-Michel, Île Bizard et Pointe-Claire. Plusieurs ont été converties en parcs urbains. D'autres subsistent sur la rive sud : Bédard, Rivemont et Saint-Isodore-Jonction.

Le groupe Black River recouvre une étroite bande à l'est du groupe Chazy dans l'archipel montréalais. En quantité moindre, les roches de Black River ont été moins utilisées malgré leur avantage d'être plus résistantes que les calcaires de Chazy. Elles peuvent servir comme blocs de grandes dimensions à la base des grands immeubles, comme piliers du pont Victoria et dans un barrage comme celui en aval des îles de la Visitation près de Saint-Vincent à Laval. À Pointe-Claire, trois anciennes carrières de calcaires Black River ont produit des pierres de construction de très haute qualité.

Le groupe Trenton formé de calcaire recouvre la majeure partie du centre et du nord-est de l'île de Montréal. Le calcaire de Trenton est le plus exploité après celui de Chazy. Les carrières de Rosemont, de Mile End et de Saint-Michel ont fourni une bonne partie des pierres de construction sur l'île de Montréal. Les anciennes carrières Miron et Francon ont été installées sur les lits de Trenton en vue d'alimenter les cimenteries. La plus grande carrière appartenant à la compagnie Independant Cement se trouvait dans Montréal-Est. Une autre grande compagnie de ciment, Ciment Canada Lafarge, continue l'exploitation du calcaire de Trenton à Saint-Constant dans la couronne sud de Montréal.

Le groupe d'Utica s'étend le long du Saint-Laurent et du canal Lachine selon une bande étroite de 3 km entre Lachine et le pont Hippolyte-Lafontaine. Il occupe les îles du Saint-Laurent : les îles aux Hérons, aux Chèvres, Sainte-Hélène, des Soeurs et Notre-Dame.

Le groupe d'Utica est composé d'argile schisteuse sur une épaisseur de 100 à 300 mètres. Il était utilisé à Delson par une briqueterie comme constituant dans la fabrication de briques. Cette compagnie emploie aussi les schistes sableux et argileux du groupe Lorraine. Ce dernier formait une épaisseur de 800 mètres de schistes à l'extrême nord-est de l'île de Montréal et sur la rive sud de Montréal.

À la suite de la période ordovicienne, une émergence accompagnée d'érosion s'est déroulée durant la période silurienne.

Au dévonien, une courte submersion marine inonde l'archipel montréalais. Le plissement appalachien crée la chaîne des Appalaches au sud-est de la région métropolitaine de Montréal.

Après le dévonien, les périodes du carbonifère, du permien, du triasique et du jurassique ont connu l'érosion.

À la fin de l'ère secondaire, durant la période du Crétacé, plusieurs failles ont brisé la structure géologique de Montréal. La plus importante faille est-ouest traverse le sud de l'île Jésus et le centre de l'île de Montréal entre le pont Lachapelle à Cartierville et le tunnel Hippolyte-Lafontaine. En même temps, sont apparus le mont Royal et la série de collines montérégiennes sur la rive sud: monts Saint-Bruno, Saint-Hilaire, Saint-Grégoire (Johnson), Rougemont et Yamaska. Les monts Brome et Shefford sont également des collines montérégiennes situées en dehors de la région métropolitaine de Montréal. Elles sont formées de roches intrusives ignées il y a 60 à 140 millions d'années. Ces roches ignées sont dominées par le gabbro, mais il y a aussi de la syénite à néphéline et de la diorite à néphéline. Avant la construction de routes asphaltées ou en béton, ces roches ignées ont servi comme matériau de voirie. Elles furent extraites dans les carrières de Westmount et du mont Royal à l'endroit du lac des Castors. Ces roches moins accessibles ont subi la concurrence des calcaires de Chazy et de Trenton plus abondants et accessibles aisément. La totalité de l'ère tertiaire durant 120 millions d'années a été marquée par l'érosion des collines montérégiennes et des strates inclinées de l'ordovicien, Le fond du graben du Saint-Laurent était occupé par un fleuve parvenu à un stade de maturité au milieu d'une grande plaine d'inondation encaissée entre le bouclier des Laurentides au nord-ouest et les Appalaches au sud-est.

À l'ère quaternaire, quatre périodes glaciaires ont provoqué des affaissements des reliefs à cause du poids des glaciers qui pouvaient atteindre une épaisseur de 5000 mètres. Ces 4 glaciations portent le nom des États américains qui servaient de limite sud : Nebraska, Kansas, Illinois et Wisconsin.

La glaciation du Wisconsin a duré 600 ans, de 13500 ans à 7500 ans. À la fin de cette glaciation, la fonte des glaciers a provoqué plusieurs transgressions marines. La plus récente transgression marine porte le nom de la mer de Champlain qui a recouvert la région de Montréal et les Basses-Terres du Saint-Laurent. Dans cette mer ancienne se sont déposées la plupart des argiles et des alluvions qui ont servi de sol cultivé dans la plaine de Montréal. Des anciennes carrières d'argile ont alimenté des briqueteries, notamment celles sur les rues Iberville et Davidson à la hauteur du boulevard Sherbrooke.

Les sables et graviers se sont formés selon trois origines distinctes : ceux déposés lors de la fonte des glaciers, ceux déposés sur les rives de la mer de Champlain et ceux d'origine fluviale post-Champlain.

Ces dépôts glaciaires en quantité infinie sont utilisés dans les travaux de voirie, comme remblais dans les voies ferrées et les autoroutes et dans la fabrication de béton. Ce béton s'est répandu dans plusieurs grands projets de construction : l'autoroute métropolitaine, les immeubles, les ponts, les barrages hydro-électriques et le stade olympique. Des sablières existent au nord de Terrebonne, à Laval-Ouest, à Saint-Lazare et près de Joliette. Des carrières de graviers sont exploitées à Sainte-Philomène près de Mercier au sud de Montréal. Des blocs erratiques ont servi de pierres d'ornement en face des immeubles.

En conclusion, le sous-sol de Montréal a présenté une grande richesse dans le passé et sert encore comme matériau de construction dans les constructions d'immeubles et de voies de communications du Grand Montréal. Au fur et à mesure que l'espace habité de la ville de Montréal se développa, des carrières furent obligées de fermer mais de nouvelles furent créées à la périphérie de Montréal.

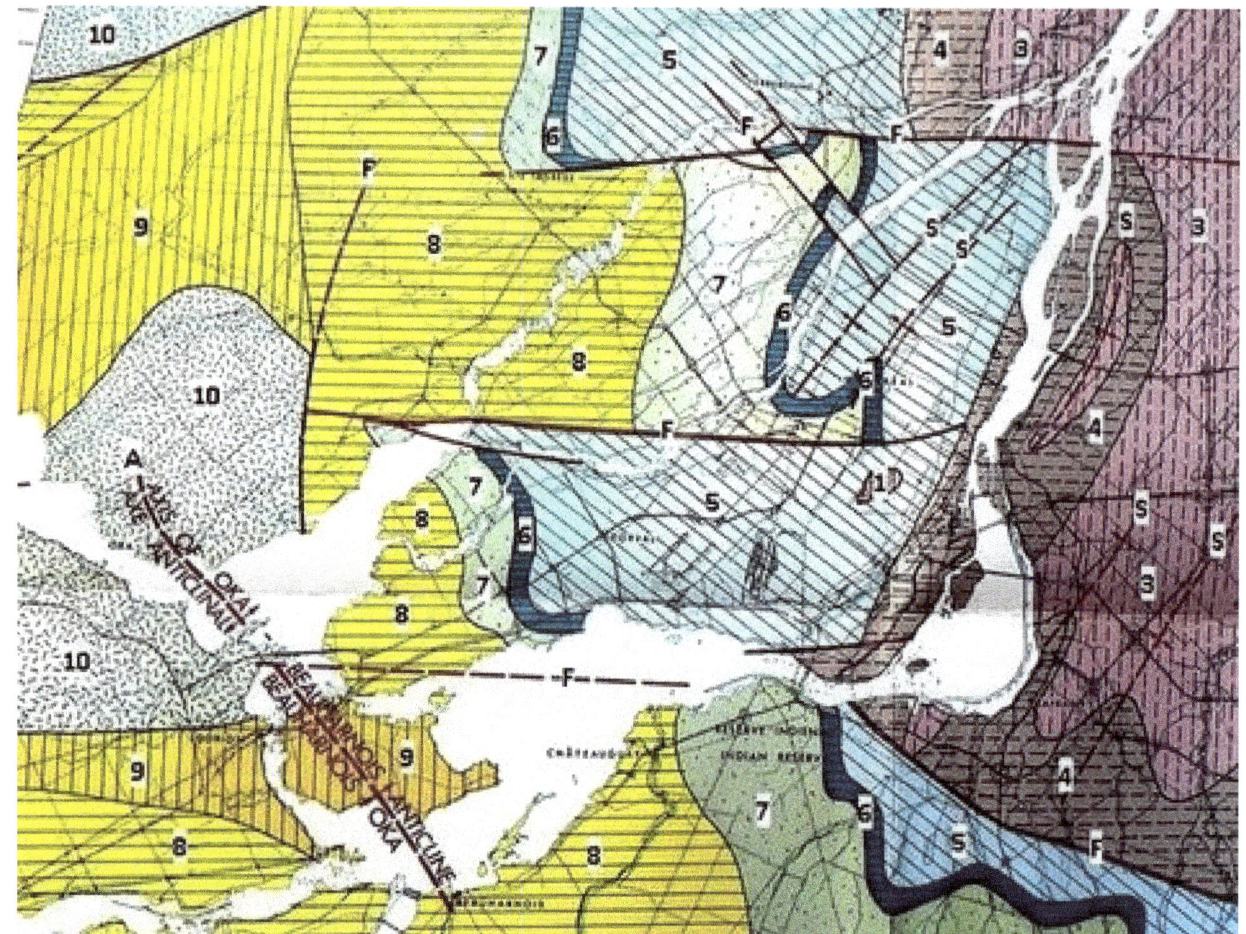

Légende de la carte géologique (Source:Carte géologique Houde-Clark):
1- Le Crétacé, 2- Le Richmond, 3- Le Lorraine, 4- L'Utica, 5- Le Trenton, 6- Le Blackriver, 7- Le Chazy, 8- Le Beekmanton, 9- Le Potsdam et 10- Le Grenville.
F: failles; A: Axe anticlinal et S: axe synclinal.

Les failles (F) représentent des couches géologiques qui se sont déplacées le long d'un plan vertical. Elles se trouvent dans des zones sismiques plus fragiles. Deux failles traversent l'extrême ouest de l'île de Montréal et l'extrême est des îles Jésus et de Montréal. Une longue faille relie Saint-Eustache et le pont Jacques-Cartier en traversant les îles Jésus et de Montréal. Un axe anticlinal indique une surélévation de couches géologiques plissées alors qu'un axe synclinal suit le creux de couches géologiques plissées.

2.2 Formes de relief de Montréal

Le relief de Montréal se distingue par quelques formes particulières : la plaine dans la vallée du Saint-Laurent, les terrasses, les chenaux dans la plaine et les collines montérégiennes.

La plaine de Montréal se caractérise par sa planitude sur les deux rives du Saint-Laurent. Ancienne plaine marine, elle est devenue plaine alluviale dans la vallée du Saint-Laurent. Cette plaine est très large entre 80 et 100 km limitée par les deux versants de la vallée, Ceux-ci ont une pente raide parce qu'ils se sont formés le long de deux failles : la faille Rawdon - Sainte-Mélanie en bordure des Laurentides et la faille Logan que l'on peut suivre depuis le lac Champlain jusqu'à Québec le long des Appalaches.

La dénivellation dans le sens transversal (nord-sud) entre la rivière des Prairies sous le pont Lachapelle (15 m) et le fleuve Saint-Laurent sous le pont Champlain (5 m) est de 10 m. Au centre de l'île, l'altitude moyenne est de 43 m sous l'échangeur Décarie et Métropolitain.

Dans le sens longitudinal (Ouest – Nord-Est), la dénivellation est de 17 m: 19 m à l'ouest de Senneville et 2 m à l'est de Pointe-aux-Trembles.

Consultez les altitudes sur la carte topographique interactive de Montréal en annexe https://fr-ca.topographic-map.com/maps/fita/Montr%C3%A9al/

Entre le mont Royal et le fleuve, la plaine de Montréal est découpée par deux terrasses limitées par un talus : la haute terrasse de la rue Sherbrooke et la basse terrasse du boulevard René-Lévesque (autrefois Dorchester).

La haute terrasse de la rue Sherbrooke longe l'escarpement du parc Maisonneuve au coin du boulevard Pie IX jusqu'à la municipalité de Montréal-Ouest. Son altitude moyenne est de 60 m. Au coin des rues Peel et Sherbrooke, l'altitude est de 65 m.

En contrebas se trouve la basse terrasse du boulevard René-Lévesque entre la rue McGill et la cour de triage du Canadien Pacifique de l'arrondissement Hochelaga-Maisonneuve. Son altitude moyenne est de 40 m.

Les rues perpendiculaires à ces deux terrasses ont des pentes raides, notamment les rues Peel, Beaver Hall et Fullum, L'avenue de l'Hôtel-de-Ville entre les rues Sherbrooke et Ontario a un dénivelé 21 m (48-27 m) sur une distance de 230 m, soit une pente de 9,1%. C'est la pente la plus forte sur l'île avant celle de la voie Camillien-Houde de 7,5%.

Ces deux terrasses correspondent à des anciennes plages de la mer de Champlain qui se sont succédées lors de la régression marine. Selon Raoul Blanchard, ces terrasses sont des veines sous-marines ou des talus d'accumulation sédimentaire formés sur la face orientale du mont Royal à une époque où celui-ci gênait les courants marins de la mer de Champlain. Au moment de la fondation de Montréal (1611), la basse terrasse Dorchester était ravinée par des ruisseaux au fond de petites vallées étroites qui rappellent les anciens chenaux empruntés par des courants plus rapides au fond de la mer de Champlain. Un premier ruisseau bourbeux sous le nom de la rivière Saint-Martin se frayait un cours à l'endroit même où passe aujourd'hui la rue Saint-Antoine (ancienne rue Craig). À la hauteur de la place Chaboillez au coin des rues Peel et 720, la rivière Saint-Martin se jetait dans la rivière Saint-Pierre qui se jetait dans le fleuve Saint-Laurent en empruntant la rue actuelle de la Place d'Youville.

Les terrasses et les petites vallées au pied du mont Royal ont profondément marqué la formation et le développement urbain de Montréal des premiers siècles. Ces caractéristiques topographiques ont notamment favorisé des axes de développement longitudinaux dirigés vers l'ouest et l'est parallèlement au fleuve Saint-Laurent.

La forme de relief la plus particulière de Montréal est évidemment le mont Royal, la seule des huit collines montérégiennes située sur l'île de Montréal. C'est un massif de plusieurs collines d'une superficie de 10 km² qui domine la plaine de Montréal par une dénivellation de 200 m. Le plus haut sommet est de 233 m et la plaine varie de 65 m à 5 m au niveau de l'eau du fleuve Saint-Laurent.

Le massif s'élève graduellement de l'ouest vers l'est où il domine le piémont oriental par l'abrupt du Chalet. À cet endroit se trouve l'observatoire du centre-ville et des collines montérégiennes de la couronne sud de Montréal. Ce sont les monts Saint-Bruno, Saint-Hilaire, Saint-Grégoire et Rougemont.

Le massif du mont Royal est composé de quatre collines : colline de la Croix (218 m) et des antennes de télécommunications (233 m), colline d'Outremont (215 m), colline de Westmount (200 m) et colline de l'Abri (195 m). Les deux collines d'Outremont et de la Croix rejoignent le plan incliné oriental en roches cristallines. Les deux autres collines de l'Abri et de Westmount ont taillé les strates de calcaires de la plate-forme sédimentaire, qui se sont métamorphisées au contact de l'intrusion et qui recouvrent la bordure méridionale du massif cristallin. Les contacts verticaux entre l'intrusion et les sédiments ont pu être observés lors de la construction du tunnel du Canadien National sous le mont Royal. Ce tunnel ferroviaire double a une longueur de 5 km et une hauteur de 4,42 m, sa construction a duré de 1912 à 1918. Avec l'arrivée du nouveau réseau express métropolitain (REM), il sera élargi et équipé d'un système de sécurité entre 2018 et 2022.

Après 1918, les observations du sous-sol ont mis fin à la théorie d'un volcan. De plus, le lac des Castors n'est pas un lac de cratère mais plutôt un étang aménagé pour drainer les eaux des collines environnantes.

La genèse du massif du mont Royal est un escarpement de faille sur un flanc de la cheminée des roches intrusives, le long d'un plan de faille qui correspond à la pente abrupte au pied de l'observatoire du Chalet. Cet escarpement de faille est aussi appelé un demi-môle ou demi-horst. Les bosses d'Outremont et de la Croix sont des inselbergs ou collines isolées car leurs sommets sont couverts de roches plus résistantes, Quant aux buttes de l'Abri et de Westmount, ce sont des collines couvertes de sédiments calcaires plus résistants à l'érosion. Les érosions glaciaires et périglaciaires ont remodelé ces collines anciennes en les préservant. Entre les collines, les parties moins élevées sont des ombilics ou bassins d'origine glaciaire dont l'un est occupé par le lac des Castors. Ce dernier n'est pas un lac de cratère au sommet d'un volcan éteint. Le mont Royal est formé de roches ignées (gabbro et syénite) qui sont restées intrusives en se solidifiant sous des sédiments calcaires. Par contre, un volcan est formé de roches ignées éruptives ou volcaniques qui se solidifient à la surface de la Terre.

Au coeur d'une métropole qui pousse en tentacules dans une plaine immense, le pittoresque mont Royal a été affecté à diverses fonctions privilégiées. C'est une oasis de verdure protégée et de sérénité réservée à des institutions, des parcs, un cimetière et des quartiers résidentiels de luxe. Ceux-ci se sont isolés en deux entités indépendantes : Outremont et Westmount. La valeur des lots bâtis est proportionnelle à l'altitude. Leur tendance à l'isolement est marquée par des rues sinueuses et des impasses. La présence d'un tel massif si proche du centre-ville attire de nouveaux immeubles qui rivalisent entre elles afin d'obtenir
la meilleure vue sur le mont Royal et sur le fleuve. Ce paysage urbain et naturel donne un cachet unique à Montréal.

La carte des lignes isohypses de Montréal représente des courbes de niveau qui limitent des zones d'altitude par rapport au niveau de la mer. Sur cette carte, on distingue quatre zones : 1- la zone inférieure à 30 mètres, 2- la zone entre 31 et 60 mètres 3- la zone entre 61 et 90 mètres et 4- la zone supérieure à 91 mètres. Cette dernière est la plus facile à localiser.
Ce sont les deux collines montérégiennes le mont Royal (1) et le mont Saint-Bruno (2). Dans l'ouest, il y a les collines d'Oka (3) et de Rigaud (4). Ces collines sont devenues des zones vertes protégées.

La zone de faible altitude longe les cours d'eau de l'archipel montréalais. Elle occupe la majeure partie de la couronne sud et l'agglomération de Longueuil. Elle est traversée par de nombreux ruisseaux et rivières sous forme de méandres qui se gonflent rapidement après la fonte des neiges du printemps et après de fortes pluies en été et en automne. Ces cours d'eau peuvent déborder et provoquer des inondations dans cette zone potentiellement inondable. La zone d'altitude intermédiaire entre 31 et 60 mètres occupe le centre des îles de Montréal, Laval, Bizard et Perrot. Cette zone est mieux protégée contre les inondations à condition que les barrages en amont du Saint-Laurent et de la rivière des Outaouais demeurent intacts. Les zones entre 61 et 90 mètres entourent les quatre collines de la région. Elles sont devenues des zones de résidences de luxe, notamment à Outremont, Westmount et Saint-Bruno.

Carte publiée par le service d'urbanisme de la ville de Montréal, 1966.

Chapitre 3 L'hydrographie de Montréal

En 2016, une étude de Valérie Mahaut sur les anciens ruisseaux cachés de l'île de Montréal a permis d'en retracer sur une distance totale de 330 km. Ces ruisseaux ont été enterrés ou intégrés au réseau d'égout depuis 150 ans. Autrefois, ces ruisseaux servaient d'égouts à ciel ouvert. Sur la carte ci-dessous, on peut voir le tracé des ruisseaux Saint-Pierre, Migeon, Prud'homme et Notre-Dame-des-Neiges. Un projet Bleue Montréal veut faire renaître certains ruisseaux après 2020. Ce projet pourrait servir de sentier entre le mont Royal et le Vieux-Port en dehors des journées de précipitations.

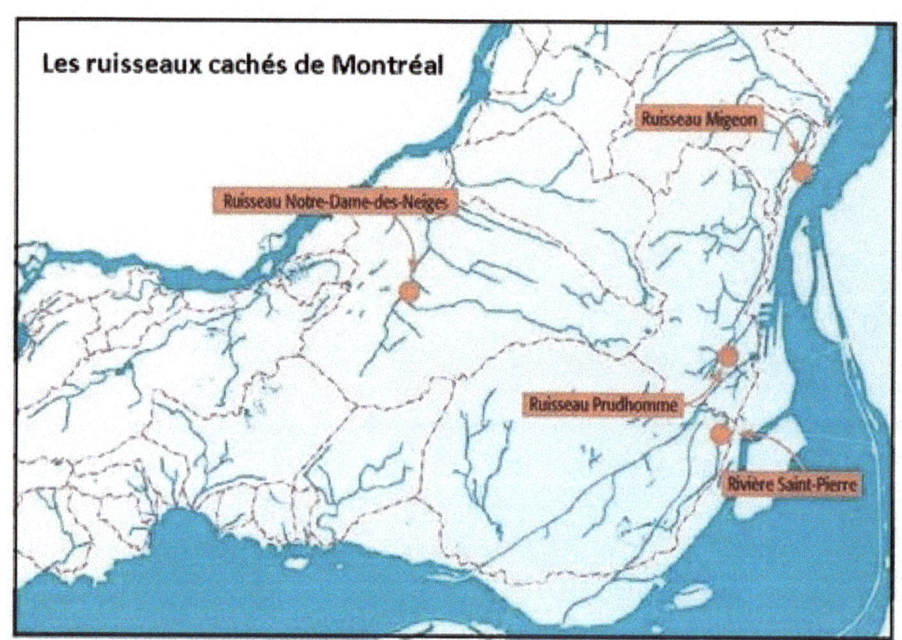

En 2019, la CMM a mandaté un nouveau comité Zone d'intervention spéciale qui va produire 600 cartes de la plaine du Grand Montréal afin de mieux anticiper les crues printanières le long des cours d'eau. Ces cartes indiquent la profondeur des cours d'eau, la vitesse du courant et le niveau des zones inondables. Cette cartographie élaborée par l'école d'Urbanisme de l'université de Montréal sera accessible au public à partir du site web de la CMM en juin 2020.

Si Montréal se distingue par le massif du mont Royal, il présente un autre trait naturel par son île entourée de vastes nappes d'eau: le lac Saint-Louis (148 km²), le lac des Deux-Montagnes (163 km²) et les bassins de La Prairie (53 km²). La superficie totale de ces 3 nappes d'eau équivaut aux deux-tiers de la surface totale de l'île de Montréal.

3.1 Le fleuve Saint-Laurent

La longueur du fleuve Saint-Laurent est imprécise selon le choix de la source et de l'embouchure.

La source la moins éloignée est le lac Ontario et obtient une longueur de 1197 km.

La source la plus éloignée est celle de la rivière Saint-Louis qui mesure 480 km avant de se jeter dans le lac Supérieur. Le fleuve traverse ce lac et les trois suivants : Huron, Érié et Ontario sur une distance de 1580 km. À partir du lac Ontario, le Saint-Laurent prend l'apparence d'un fleuve jusqu'à la ville de Québec, il s'élargit en estuaire et ensuite en golfe pour atteindre enfin l'océan Atlantique dans le détroit de Belle-Île entre l'île de Terre-Neuve et le Labrador. Ce dernier parcours mesure 2090 km. La longueur totale du Saint-Laurent est alors de 4150 km.

Selon certains auteurs, le golfe du Saint-Laurent ne fait pas partie de son parcours total ainsi que la rivière Saint-Louis. Sa longueur est alors de 3257 km et son rang mondial est 27. Il est un peu plus long que le Danube (3020 km) mais moins long que la Volga (3645 km) en Russie. Il se place au 2e rang des fleuves canadiens. Le plus long fleuve canadien est celui du Mackenzie (4241 km).

Les quatre plus longs fleuves du monde ont une taille double de celle du Saint-Laurent et se classent comme suit: l'Amazone (6992 km) en Amérique du Sud, le Nil (6853) au nord-est de l'Afrique, le Yangtze Jiang ou le Fleuve Bleu (6418 km) en Chine et le Mississippi-Missouri (6275 km) aux États-Unis.

Largeur et altitude de la nappe d'eau du Saint-Laurent

Sites de mesure	Largeur km	Largeur m	Altitude m
Pont de l'île aux Tourtres	3,2	3150	19
Pont Autoroute 30	1,6	1610	43
Lac Saint-Louis S. Beaconsfield	9,5	9500	19
Pont Mercier LaSalle	1,4	1350	18
Bassin Laprairie	6,5	6450	7
Pont Champlain	4	4000	5
Pont Victoria	2	2050	4
pont Jacques-Cartier	1,5	1460	4
Autoroutes 25-20 Tunnel	2,3	2260	3
Pointe de l'île – Ile SteThérèse	2,9	2880	2
Repentigny – Iles Robinet	2,1	2110	2
Source Lac Ontario			75
Source Lac Supérieur			184

Source : Atlas du Canada, Toporama

N.B. La largeur sur les ponts correspond à leur longueur routière.

À partir des données mesurées sur les cartes topographiques (Tableau ci-contre)de Montréal, le Saint-Laurent se caractérise par des largeurs extrêmes entre 1,4 km et 9,5 km L'altitude de la surface de l'eau du fleuve varie entre l'ouest et l'est de l'île de Montréal entre 43 et 2 mètres, soit une dénivellation importante de 41 m. L'altitude maximum dans le lac Supérieur est de 184 m, ce qui donne un dénivelé de 182 m.

Le fleuve entre Kingston et Québec a une largeur entre 1 et 5 km et une profondeur entre 2 et 20 m. À partir de la ville de Québec, l'estuaire du Saint-Laurent est le plus grand sur Terre par sa largeur moyenne de 48 km sur une longueur de 370 km et par sa profondeur de plus de 200 mètres.

Le golfe du Saint-Laurent est aussi très vaste : sa largeur est de plus de 300 km, sa profondeur moyenne de 152 m avec un maximum de 530 m et sa longueur de 893 km..

En amont de Montréal, le Saint-Laurent a un régime régulier mais torrentueux à partir du lac Ontario près de la ville de Kingston. Il atteint un débit moyen de 6600 m^3/s et s'apparente à un torrent géant que des travaux considérables ont aménagé lors de la construction de la voie maritime et du grand barrage de la centrale de Beauharnois. Les eaux dans les rapides de Lachine passent d'une altitude de 19 m à 7 m et le fleuve se rétrécit ensuite dans le port de Montréal créant un courant fougueux dit de Sainte-Marie. En aval de l'île de Montréal, le fleuve devient plus serein et plus lent, écoulant un débit moyen annuel de 8500 m^3/s et son niveau d'eau a une altitude de 2 m.

Le chenal de navigation entre Montréal et Québec a été approfondi et élargi à plusieurs reprises depuis 1851. À cette date le chenal avait une profondeur de 4,2 mètres sur une largeur de 45 mètres. Cent ans plus tard, la profondeur a plus que doublé à 10,7 m et sa largeur a triplé à 150 m. En 1999, le chenal est descendu à 11,3 m sur une largeur de 230 m. À Montréal, le chenal a la même profondeur mais sur une largeur de seulement 61 m.

Traits physiques	Saint-Louis	Deux Montagnes	La Prairie
Superficie	148 km^2	150 km^2	53 km^2
Longueur	25 km	27 km	7,5 km
Largeur	6 à 10 km	3 à 6 km	2 à 6 km
Profondeur moyenne	3 m	2 m	2 m
Prof. Maximum	28 m	50 m	4 m
Débit moyen	7011 m^3/s	1540 m^3/s	9780 m^3/s
Débit maximum	8552 m^3/s	8400 m^3/s	9949 m^3/s
Niveau d'eau moyen	20,27 m	21,19 m	7 m
Niveau maximum	22,48 m	24,77 m	18 m

Les trois lacs fluviaux dans la partie sud-ouest de l'île de Montréal : deux font partie du Saint-Laurent, le lac Saint-Louis et le bassin de La Prairie et un troisième le lac des Deux-Montagnes qui est un élargissement de la rivière des Outaouais. Cette dernière est l'affluent le plus important du fleuve Saint-Laurent.

3.2 Le lac Saint-Louis

Le lac Saint-Louis est un lac fluvial formé par l'élargissement du fleuve Saint-Laurent qui s'alimente à partir de trois sources principales : la rivière des Outaouais dans le lac des Deux Montagnes divisée en deux branches autour de l'île Perrot, le fleuve lui-même et le canal de Beauharnois qui est une déviation du fleuve Saint-Laurent. Deux autres petites rivières se jettent dans le lac Saint-Louis : la rivière Saint-Louis à Beauharnois et la rivière Châteauguay à Châteauguay. Le lac a une superficie de 148 km² avec une longueur de 25 km et une largeur moyenne de 6,5 km. Sa profondeur est faible de 3 m avec un maximum de 28 m. Son débit moyen est de 7011 m³/s et un maximum de 8552 m³/s. Son niveau d'eau près de Pointe-Claire est de 21,9 m et un maximum de 22,5 m.

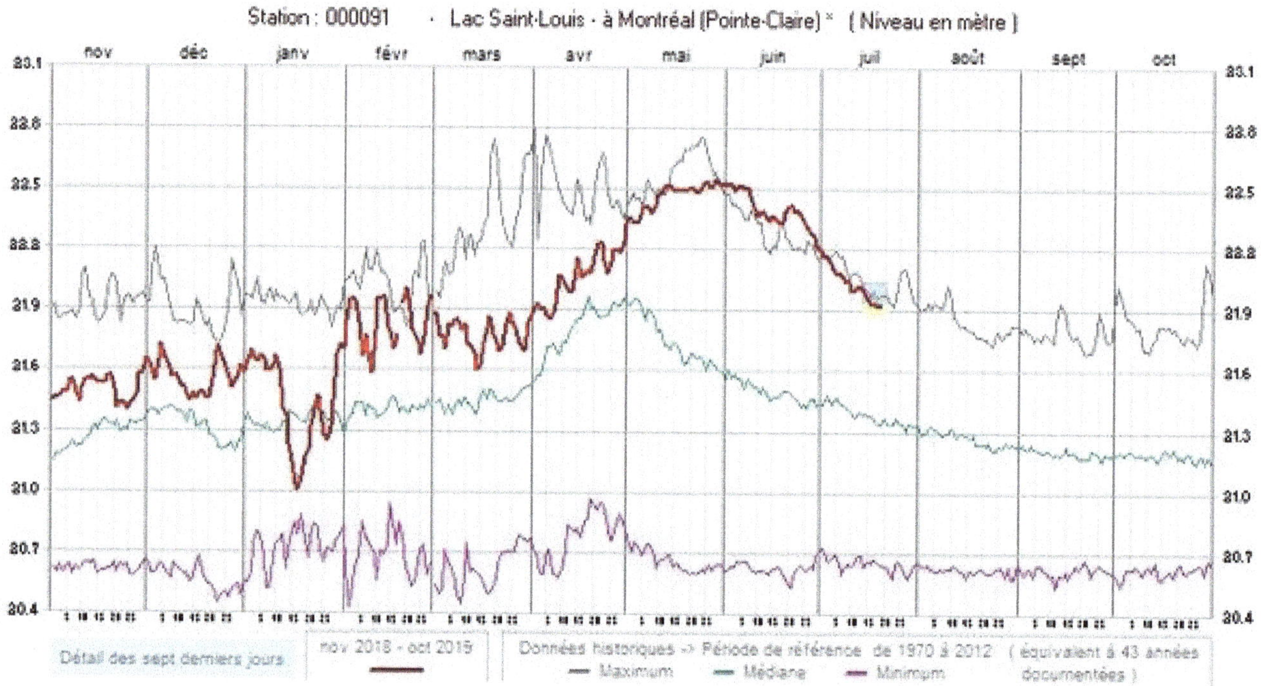

Le lac Saint-Louis a trois exutoires vers le petit bassin de La Prairie : le fleuve Saint-Laurent à la hauteur des rapides de Lachine, le canal Lachine et la voie maritime du Saint-Laurent.

3.3 Les bassins de La Prairie

Dans le petit bassin de La Prairie, un chenal a été aménagé en vue de dégager la Voie maritime en 1959 qui appartient au Canada et aux États-Unis. Ce chenal mesure 26 km de long sur 61 m de largeur avec un tirant d'eau moyen de 8,5 m et au maximum 11,6 m. Il permet aux navires maritimes de se rendre au port de Montréal et de se diriger vers l'Atlantique sur un trajet de plus de 1500 km. Les niveaux d'eau de ce chenal sont contrôlés par deux écluses à Sainte-Catherine et à Saint-Lambert. Une petite centrale hydroélectrique a été érigée à chacune de ces deux écluses. Depuis 1959, le réseau Grands Lacs-Voie maritime du Saint-Laurent est une voie navigable profonde qui s'étend sur 3700 km entre l'océan Atlantique et la tête des Grands Lacs, au cœur de l'Amérique du Nord. La portion Voie maritime du Saint-Laurent s'étend de Montréal au milieu du lac Érié. Considérée comme une des plus grandes réalisations techniques du 20e siècle, la Voie maritime du Saint-Laurent comprend 13 écluses canadiennes et deux écluses américaines. Autrefois, le canal Lachine a été ouvert en 1825 pour contourner les rapides de Lachine. Il a permis un développement industriel important pour Montréal et le Canada. Sa navigation commerciale a été fermée en 1970 et fut remplacée en 2002 par une navigation de plaisance. Sur ses rives, on a aménagé depuis 1977 des pistes cyclables et pédestres qui relient le centre de Lachine au Vieux Port de Montréal sur une distance de 14 km. Sa profondeur moyenne est de 4,3 m et son débit moyen est de 13 m^3/s. Ce canal a permis de contourner les rapides de Lachine qui occupent une longueur de 6,8 km avec une dénivellation de 10,6 m et une vitesse d'écoulement de 3 m/s.

Tout comme le lac Saint-Louis, les bassins de La Prairie forment un élargissement peu profond du Saint-Laurent au sud-ouest de Montréal. Sans tributaire, ils reçoivent la majeure partie des eaux du lac Saint-Louis via les rapides de Lachine. Une digue continue, construite pour les besoins de la Voie maritime, isole les eaux du Petit Bassin de celles du Grand Bassin de La Prairie. Les bassins de La Prairie débutent à l'embouchure de la rivière Saint-Régis à l'écluse de Sainte-Catherine et se terminent à la pointe sud de l'île Notre-Dame à l'écluse de Saint-Lambert. Leurs eaux proviennent à 95 % du lac Saint-Louis alors que les rivières Saint-Régis, de la Tortue et Saint-Jacques contribuent à 5 % du débit. Les bassins occupent une superficie de 53 km² sur une longueur de 7,5 km et une largeur de 2 à 6 km. Leur profondeur est faible d'environ 4 m.

Puisque Montréal est une agglomération insulaire, il a fallu construire de nombreux ponts routiers et ferroviaires, L'île de Montréal est desservie vers la rive sud par six ponts très longs et coûteux. Le pont tunnel Hippolyte-Lafontaine a coûté 100 millions en 1976 et celui du pont Samuel-de-Champlain dépasse les 4 milliards en 2019..Le plus ancien, le pont Victoria, est à la fois routier et ferroviaire depuis 1859 au coût de 6,8 millions $ pour un tracé de 2790 m.

Deux ponts ont été ajoutés lors de la crise de 1929, le pont en acier Jacques-Cartier ouvert en 1930 et en 1934 le pont Honoré-Mercier entre LaSalle et Kahnawake selon un tracé le plus court de 1361 m. Un autre pont payant relie l'autoroute 30 de l'Acier à Valleyfield en 2012 sous le nom de Serge-Marcil. Sur la rive nord vers l'île Jésus, les ponts sont plus courts et à un coût moindre. On a construit 11 ponts routiers, 2 ponts ferroviaires et un tunnel de métro.

Toutes ces voies de communications qui desservent l'île de Montréal font oublier de plus en plus aux Montréalais la position insulaire de leur ville.

3.4 Lac des Deux-Montagnes

Le lac des Deux-Montagnes est un lac fluvial de 163 km² qui est formé par l'élargissement de la rivière des Outaouais à partir du barrage de Carillon à Pointe-Fortune. Ce barrage qui alimente une centrale hydro-électrique de l'Hydro-Québec joue un rôle important dans le contrôle du niveau de débit durant la fonte des neiges au printemps. Son nom proviendrait de son site situé entre deux montagnes : le mont Rigaud et les collines d'Oka.

Ce lac très long de près de 43 km reçoit les eaux de nombreuses rivières et ruisseaux sur les rives nord et sud . Ces eaux apportent des alluvions qui se déversent, se déposent dans le lac et réduisent la vitesse d'écoulement des eaux en direction du fleuve Saint-Laurent et des rivières des Mille-Îles et des Prairies.

Les principaux cours d'eau de la rive nord du lac des Deux-Montagnes selon leur emplacement d'ouest en est: la rivière du Nord qui est la plus longue, les ruisseaux Giroux, Saint-Jacques, Farmer, Mainville, Durocher, Brunet, Girard, Varin, Rousse, aux Serpents et Périer

Sur la rive sud de ce lac, les principaux cours d'eau sont les suivants selon leur emplacement de l'ouest vers l'est ou de l'amont vers l'aval des eaux du lac : le ruisseau à Charette, la rivière Rigaud, les ruisseaux Noir, à la Raquette, Mallette, Viviry, Anse-Vaudreuil-Como, Denis-Vinet et Belle-Plage, la rivière Quinchien à Vaudreuil-Dorion et la rivière à l'Orme à Senneville.

La rivière des Outaouais a un débit moyen de 1 940 m3/s à la tête du lac et jusqu'à 8 400 m3/s en période de crue. La rivière du Nord a un débit moyen de 42 m3/s à son point de confluence avec le lac.

Les autres cours d'eau apportent ensemble un débit moyen de 15 m3/s au lac.

À la sortie, ses eaux alimentent vers le nord-est : la rivière des Mille Îles et la rivière des Prairies, et vers le sud en direction du lac Saint-Louis après avoir contourné l'île Perrot et l'île Claude.

La profondeur du lac se maintient au-delà des 2 m sur la plus grande partie du lac, sauf dans les baies et anses. Elle atteint les 11 mètres dans le chenal principal. Le point le plus profond se trouve devant la Pointe Parsons à Hudson où le lac plonge à près de 50 m.

Le niveau d'eau du lac à la station hydrométrique de Pointe-Calumet varie en moyenne sur 25 ans entre 21,5 m en septembre et 23,0 m en avril. Les niveaux minimum et maximum observés ont été de 21,19 m (août 2012), 24,77 m (mai 2017) et 24,8 m (avril 2019). Le niveau maximum correspond à la période de la fonte des neiges au printemps. Il devrait augmenter à l'avenir avec l'apport des alluvions des nombreux affluents du lac.

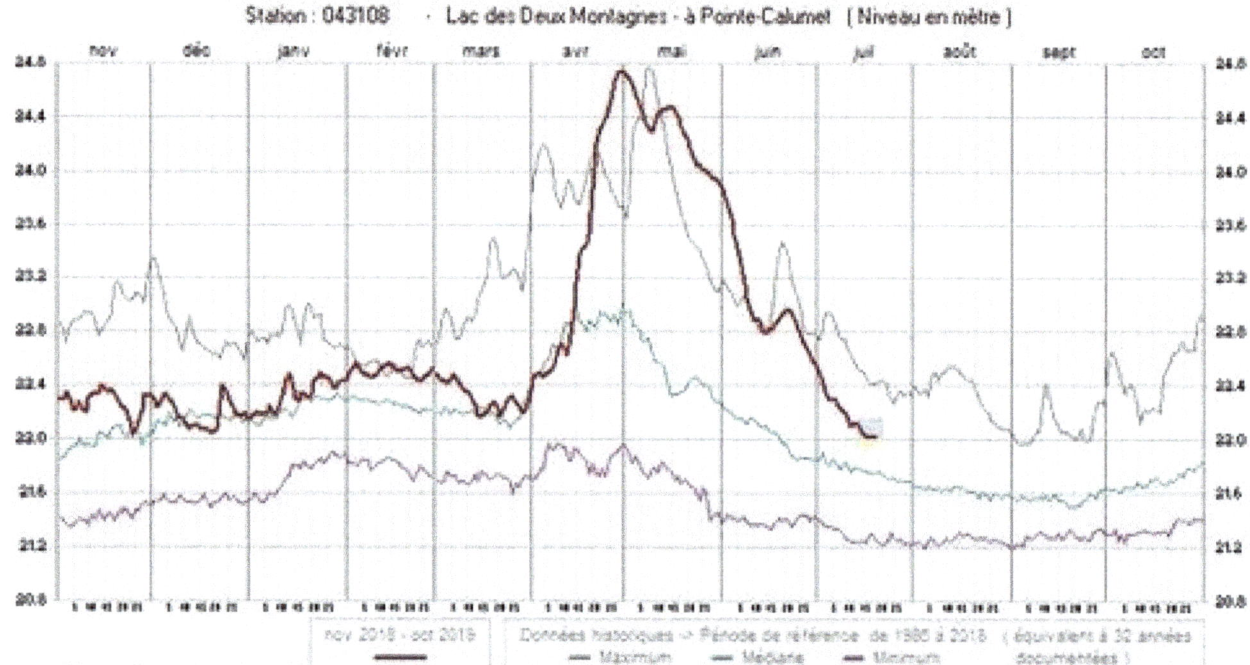

Deux écluses, à chaque extrémité du lac, permettent aux bateaux d'entrer dans le lac des Deux Montagnes et d'en sortir, de la mi-mai à la mi-octobre: l'écluse de Carillon et celle de Sainte-Anne-de-Bellevue.

Le canal de Carillon et son écluse permettent la libre circulation des bateaux dans l'axe de navigation Montréal-Ottawa-Kingston. Pour passer du lac des Deux Montagnes à la rivière des Outaouais au-delà de l'obstacle naturel que constituaient les rapides du Long-Sault, Hydro-Québec a construit la centrale hydroélectrique de Carillon de 1959 à 1963 près du barrage qui retient les eaux de la rivière en amont et crée un bassin sous le nom du lac Dollard-des-Ormeaux dont le niveau d'eau est de 20 mètres supérieur à celui du lac des Deux-Montagnes.

L'écluse de Sainte-Anne est située à Sainte-Anne-de-Bellevue. Les travaux de construction ont duré 3 ans, de 1840 à 1843. Elle permet de franchir la différence de niveau d'un mètre entre le lac des Deux Montagnes (en amont) et le lac Saint-Louis (en aval).

Les rives du lac des Deux Montagnes comportent deux anses, quinze baies, un cap, trois plages publiques, trente pointes et plusieurs zones humides.

Les deux anses sont des baies peu profondes: l'anse de Vaudreuil et l'anse à l'Orme.

Les baies sont des échancrures dans les rives nord et sud en eaux peu profondes aussi.

Les baies qui se situent d'ouest en est sur la rive nord sont les suivantes : baie des Soeurs, baie des Seigneurs, baie de Carillon, baie du Fer à Cheval, la Petite Baie (2 sites), baie de Saint-Placide, baie des Indiens, la Grande Baie et la baie de Pointe-Calumet.

Quant aux baies de la rive sud sont dans l'ordre ouest-est comme suit: baie de Brazeau, baie de Rigaud, baie des Jules, baie Quesnel, l'Anse, baie de Como, baie de l'Île Cadieux, baie de Vaudreuil, baie Daoust, baie de Pincourt et baie Forget.

Le cap Saint-Jacques et les pointes sont des avancées des rives dans le lac.

Les pointes de la rive nord se situent d'ouest en est comme suit: pointes au Foin, aux Roches, au Sable, Ouellette, Lavigne, à Masson, aux Anglais, du Lac, d'Oka, aux Bleuets et au Calumet.

Quant aux pointes de la rive sud sont dans l'ordre ouest-est comme suit : pointes Fortune, Larocque, Brazeau, Séguin, des Jules, au Sable (2 sites), à Portelance, à la Raquette, Locus, Graham, Parsons, Boyer (3 sites), Cavagnal, Cadieux, aux Chênes, à Valois, des Cascades, la Flèche, la Roche, au Renard, Stocker, aux Moutons, Abbot, Angus, Wanklyn, Forget, Madeleine, Louise, Monk et aux Carrières.

Les plages publiques sont situées dans deux parcs-nature : Cap-Saint-Jacques et Bois-de-l'Île-Bizard et un parc provincial, le parc national d'Oka.

Les *milieux humides* sont bien présents dans le lac des Deux Montagnes. On en distingue quatre : l'herbier aquatique, le marais, la prairie et le marécage arboré

Le lac des Deux-Montagnes compte plusieurs dizaines d'îles, une presqu'île, des battures et des hauts-fonds.

Les plus petites îles sont anonymes. La majorité des îles du lac sont inhabitées.

Dans la partie ouest du lac on retrouve la presqu'île Robillard, l'île de Carillon, l'île Jones, l'île Rita dans la baie de Rigaud, les îles Pelées, l'île Hay, l'île à Ritté et l'île Robidoux.

Dans la partie est, et notamment dans la baie de Vaudreuil on trouve une vingtaine d'îles, la plupart étant nommées : Todd, Rainville, Béique, Wight, Hiam, Avelle, Hog, Charlotte, aux Chèvres, Cousineau, Lamontagne, aux Plaines, Claude, Bellevue et Girwood.

L'île Sunset est une île privée reliée à la municipalité de Terrasse-Vaudreuil par un petit pont. L'île Roussin est juste à la pointe de Laval-sur-le-lac. L'île Cadieux constitue à elle seule une petite municipalité. L'île aux Tourtes a donné son nom au pont de l'autoroute 40 qui traverse le lac à cet endroit.

Outre ces terres bien visibles et parfois bien fournies en végétation, on retrouve quelques battures et hauts-fonds comme la batture du Corbeau, le haut-fond d'Hudson, la Barque, la Goélette et le Petit Rocher.

De tout temps le lac des Deux-Montagnes a été une voie de navigation importante tant pour l'exploration et les déplacements de tout genre. Si les marchandises ne transitent plus sur le lac depuis le tournant des années 1960, la navigation de plaisance a pris le relais. Les voiliers partagent le plan d'eau avec les embarcations à moteur de tous genres et de toutes tailles, sans oublier les canots, les chaloupes et les kayaks. Les véliplanchistes (planche à voile) et les aéroplanchistes sont nombreux. L'hiver, les petits voiliers sur patins prennent le relais, les planches volantes continuent à voler et les skis de fond font leur apparition, tout comme, en certains endroits balisés, les motoneiges et les véhicules tout-terrains.

Le lac des Deux-Montagnes se jette en partie dans le fleuve Saint-Laurent au niveau du lac Saint-Louis dont le niveau de l'eau n'est qu'un mètre de dénivellation et en second lieu vers les rivières des Mille-Îles et des Prairies qui rejoignent le fleuve 50 km plus loin à la pointe Est de l'île de Montréal.

Tous les sites énumérés sur les rives nord et sud et à l'intérieur du lac peuvent être localisés sur le site en ligne Toporama de l'atlas du Canada. Dans le menu, il faut inscrire le nom du secteur : Lac des Deux-Montagnes, Oka, ensuite vous pouvez zoomer les rives d'ouest en est. http://atlas.gc.ca/toporama/fr/index.html

3.5 La rivière des Prairies

Le niveau d'eau à la source de la rivière des Prairies est à 22 m d'altitude (station de Pointe-Calumet) et descend à 2 m d'altitude quand elle atteint le Saint-Laurent. La rivière est coupée en deux par un barrage à la hauteur des îles de la Visitation. La longueur de cette rivière est de 50 km et sa largeur moyenne est entre 450 m sous le pont Louis-Bisson et 1030 m sous le pont de l'autoroute 25. Son débit moyen est de 1094 m³/sec. Lors des crues printanières, les eaux abondantes de la rivière des Outaouais qui coulent dans le lac des Deux-Montagnes font tripler le débit de la rivière jusqu'à 3680 m3/sec alors que durant l'été, le débit peut diminuer à 382 m³/sec. Le tirant d'eau de la rivière des Outaouais devrait être aménagé de manière à s'adapter aux variations de débit et éviter en même temps des inondations printanières sur ses deux rives.

La rivière des Prairies est parsemée d'une série de rapides. Deux s'étendent sur 500 m près de l'île Bizard: les rapides du Cap Saint-Jacques et les rapides Lalemant, D'autres se suivent vers l'est : les rapides du Cheval Blanc, les rapides du Gros-Sault près de l'île Perry, le Sault-au-Récollet et les rapides de Rivière-des-Prairies au sud du quartier Saint-François de Laval. Ces rapides et la forte dénivellation entre la source et son embouchure (20 m) ont freiné tout projet de navigation commerciale. En 1928-29, on a construit la centrale hydroélectrique de 45 MW de la Rivière-des-Prairies, qui alimente l'est de Laval. La rivière des Prairies est enjambée par 11 ponts routiers, 2 ponts ferroviaires, un tunnel de métro et un barrage hydroélectrique. La rivière des Prairies fournit de l'eau à partir de trois usines de filtration: Pierrefonds-Ouest, Chomedey et Pont-Viau.

3.6 La rivière des Mille-Îles

La rivière des Mille-Îles ressemble à la rivière des Prairies. Les deux rivières ont la même source, le lac Des-Deux-Montagnes et ont une rive sur l'île Jésus. Les deux rivières sont occupées par plusieurs petites îles. Leur débit subit une crue printanière venant du lac des Deux-Montagnes alimentée par la rivière des Outaouais. Sur sa rive gauche, la rivière des Mille-Îles longe six municipalités : Deux-Montagnes, Saint-Eustache, Boisbriand, Rosemère, Lorraine, Bois-des-Filions et Terrebonne. Son débit moyen de 286 m^3/s est protégé des crues par le barrage Du-Grand-Moulin qui bloque les eaux du lac des Deux-Montagnes lorsque le débit approche de 780 m^3/s.

Ses eaux sont filtrées pour alimenter en eau potable les villes voisines. La rivière est enjambée par huit ponts routiers, trois ponts ferroviaires et un pont cyclable et piétonnier sur le barrage Du-Grand-Moulin.

Les îles Jésus et Montréal sont déplacées dans un axe ouest-est au lieu de S-O et N-E afin de faciliter la lecture des tracés de routes, du rail et des cours d'eau:O-E et N-S.

Largeur et altitude de la rivière des Mille-Iles

Sites en mètres	Largeur	Altitude
Pont du-Moulin	310	18
Pont Arthur-Sauvé	760	18
Pont Vachon (A13)	630	18
Pont Athanase-David	260	17
Pont 125 (2 ponts)	260	10
Embouchure (Lachenaie)	300	4
Largeur moyenne	420	

Sources: Toporama et Topographic-map

Largeur et altitude de la rivière des Prairies

Sites en mètres	Largeur	Altitude
Source Nord Ile Bizard	190	18
Source Cap-St-Jacques	520	19
Pont Louis-Bisson (A13)	390	15
Pont Médéric-Martin (A15)	250	15
Pont Viau	290	14
Pont Papineau-Leblanc (A19)	380	13
Pont Olivier-Charbonneau (A25)	330	7
Embouchure (A40)	650	2
Largeur moyenne	375	

Chapitre 4: Les îles dans les cours d'eau de Montréal métropolitain

L'archipel Hochelaga compte un grand nombre d'îles. Selon les documents de la CMM, ils ont recensé 320 îles. Mais selon mes recherches sur les cartes officielles de Toporama et de quelques municipalités de Montréal, j'ai identifié 228 îles dans le lac des Deux Montagnes, la rivière des Mille-Îles, la rivière des Outaouais et le fleuve Saint-Laurent. Il faut y ajouter les 4 îles les plus étendues et urbanisées: Montréal, Jésus, Perrot et Bizard. La plupart de ces 228 îles sont inhabitées, sauf quelques-unes occupées par des résidences de luxe comme l'île des Soeurs, l'île Paton et l'île Notre-Dame.

Plusieurs de ces îles seront protégées et certaines ont été rachetées par l'organisme fédéral Conservation de la Nature Canada (CNC): les îles Bonfoin, à l'Aigle, aux Cerfeuils, Beauregard, aux Moutons, aux Canards, aux Hérons, Lapierre et de Boucherville, et l'îlet Vert. Les îles de Boucherville sont devenues un parc de 7 îles: Sainte-Marguerite, Saint-Jean, Montbrun, à Pinard, de la Commune, aux Raisins et Grosbois.

Quelques îles demeurent habitées et contestées : l'île Bourdon, Île-Dorval et l'île Busky ou Bouchard. L'Île-Dorval est une petite île sans voitures occupée par 48 chalets à 500 m de la ville de Dorval qui la dessert par un traversier. Elle est constituée en municipalité en 2006.

4.1 Îles dans le lac des Deux-Montagnes

Dans la partie ouest du lac des Deux-Montagnes, on retrouve la presqu'île Robillard au sud de la pointe au Sable, l'île de Carillon,(1), l'île Jones (2), l'île Paquin (3), les îles Pelley (4), l'île Rita (5) près de Rigaud, l'île au Foin (6) et l'île à Ritté (7). Plusieurs îles servent de réserves naturelles aux oiseaux migrateurs. Cette partie occidentale du lac des Deux-Montagnes ne fait pas partie du territoire de la CMM.

Dans la partie est, et notamment dans la baie de Vaudreuil on trouve une vingtaine d'îles, la plupart étant nommées dans le tableau ci-dessous. Les numéros 8 à 34 correspondent aux îles situées sur la carte de la baie de Vaudreuil. L'île Cadieux constitue à elle seule une municipalité. L'île Sunset est une île privée reliée par un petit pont à la municipalité de Terrasse-Vaudreuil. L'île aux Tourtes a donné son nom au pont de l'autoroute 40 qui traverse le lac à cet endroit. L'île Roussin (28) est juste à la pointe de Laval-sur-le-lac.

Toutes ces îles (8 à 34) à l'est de la traverse Hudson-Oka sont incluses dans le territoire métropolitain de Montréal.

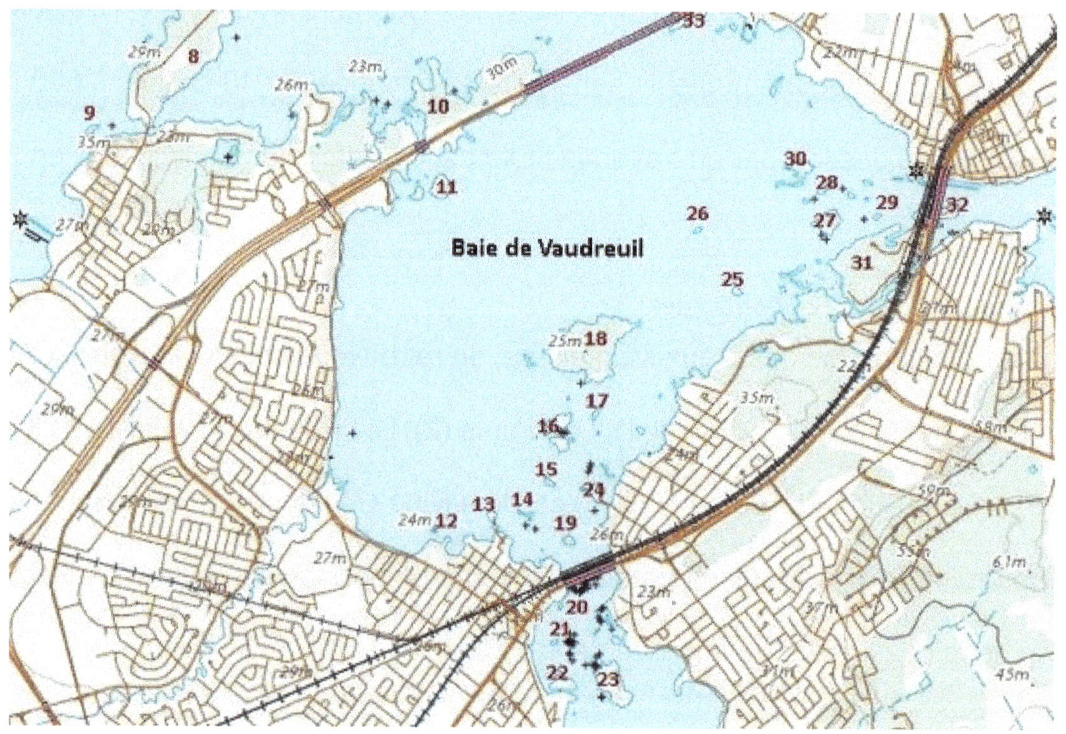

Îles dans le lac des Deux-Montagnes

C	Île	Ville	C	Île	Ville
1	de Carillon	Saint-André-d'Argenteuil	19	Béique	Vaudreuil-Dorion
2	Paquin	Saint-André-d'Argenteuil	20	Chevrier	Vaudreuil-Dorion
3	Jones	Saint-André-d'Argenteuil	21	Ronde	Vaudreuil-Dorion
4	Pelley	Saint-André-d'Argenteuil	22	Bray	Vaudreuil-Dorion
5	Rita	Rigaud	23	aux Pins	Vaudreuil-Dorion
6	au Foin	Saint-Placide	24	Sunset	Terrasse-Vaudreuil
7	à Ritté	Oka	25	Hog	Île-Perrot
8	Cadieux	Île-Cadieux	26	Charlotte	Île-Perrot
9	Bernardin	Vaudreuil-sur-le-Lac	27	aux Chèvres	Île-Perrot
10	aux Tourtes	Vaudreuil-Dorion	28	Cousineau	Île-Perrot
11	Todd	Vaudreuil-Dorion	29	Lamontagne	Île-Perrot
12	Brunet	Vaudreuil-Dorion	30	aux Plaines	Île-Perrot
13	Leroux	Vaudreuil-Dorion	31	Claude	Île-Perrot
14	Harbec	Vaudreuil-Dorion	32	Bellevue	Île-Perrot
15	Rainville	Vaudreuil-Dorion	33	Girwood	Senneville
16	Wight	Vaudreuil-Dorion	34	Roussin	Laval
17	Hiam	Vaudreuil-Dorion		8 à 34: CMM	
18	Axelle	Vaudreuil-Dorion		C : carte	

4.2 Les îles montréalaises dans le Saint-Laurent

En avril 2019, le gouvernement fédéral a annoncé la création de trois nouvelles réserves nationales de la faune dans vingt-sept îles du Saint-Laurent: la réserve des îles de Boucherville, la réserve des îles de Varennes et de Verchères, et la réserve des îles du lac Saint-Pierre. Les deux premières réserves sont situées dans l'archipel d'Hochelaga. Leur superficie totale est de 285 hectares: 175 sur les îles de Boucherville et 110 sur les îles de Varennes et de Verchères. Ces îles occupent le corridor géographique utilisé par plusieurs espèces d'oiseaux, notamment le blongios, le goglu des prés, l'hirondelle de rivage, le hibou des marais, le râle jaune, le canard barboteur et le goéland à bec cerclé.

L'organisme de bienfaisance de la protection des oiseaux du Québec (POQ) a fait en 1984 l'acquisition de l'île aux Canards et de l'îlet Vert au large de Varennes, dans le fleuve Saint-Laurent. Ces îles sont constituées d'un mélange de marais, prairies et forêts qui fournissent un habitat crucial pour la sauvagine en migration.

Parmi les refuges fauniques du ministère québécois Forêts, Faune et Parcs, un refuge est situé sur l'île Saint-Bernard à Châteauguay sous le nom de refuge Marguerite d'Youville. Les réserves d'oiseaux migrateurs (ROM) se trouvent sur l'île aux Hérons et l'île de la Couvée. Ces réserves sont gérées par le service de la faune d'Environnement Canada. Les deux sites les plus riches en activités diverses sont situés près du centre-ville de Montréal, le parc Jean-Drapeau et près de Boucherville, le parc des Îles-de-Boucherville. Le parc Jean-Drapeau appartient à la ville de Montréal et occupe les îles Sainte-Hélène et Notre-Dame. Durant l'été, sont organisés des festivals de musique, des attractions du parc de la Ronde, la course automobile de formule 1. La piscine olympique et les pistes cyclables sont accessibles durant l'été. En hiver, se déroulent la fête des neiges et les randonnées en ski de fond ou en raquettes. Les musées Stewart Hall et de la biosphère ainsi que le Casino de Montréal sont ouverts toute l'année.

Le parc national des Îles-de-Boucherville appartient au gouvernement du Québec et est géré par la SÉPAQ (Société des établissements de plein air du Québec). Sur ces îles riches en faune et flore sauvages, les visiteurs peuvent pratiquer du canotage dans les chenaux et des randonnées à vélo, à pied ou en ski de fond. En plus, des sites sont réservés au camping et à l'observation de la faune.

Les îles dans le lac Saint-Louis : 1- Dowker, 2- Caron, 3- Madore, 4- Daoust, 5- des Cascades, 6- des Faubert, 7- du Docteur, 8- à Thomas, 9- au Diable, 10- aux Veaux, 11- à Timbault, 12- aux Plaines, 13- Mercier, 14- Saint-Bernard, 15- Saint-Nicolas, 16- Dorval, 17- Bushy, 18- Dixie et 19- Tekakwitha.

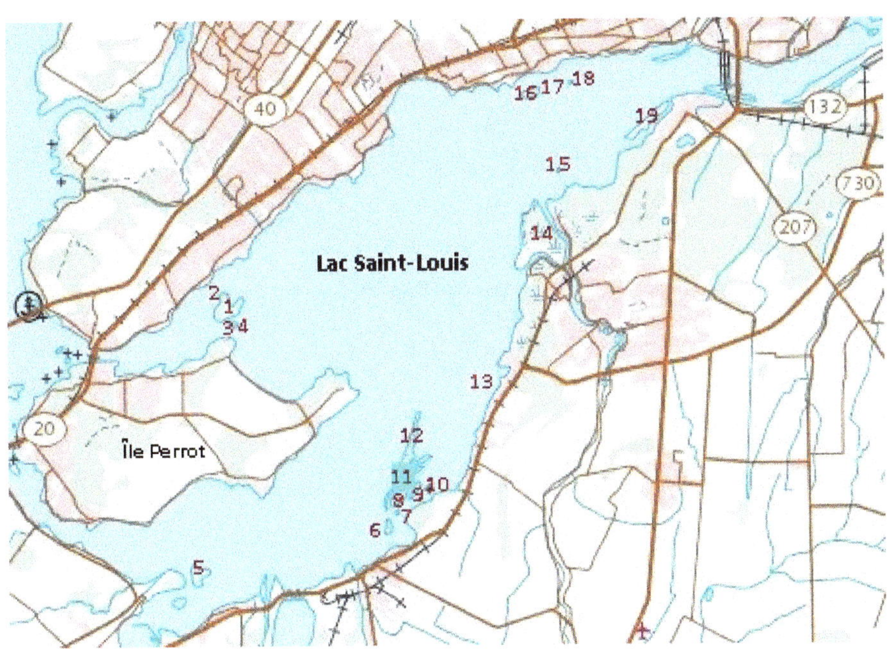

Les îles du bassin de La Prairie: 20- au Diable, 21- du Seigneur, 22- des Sept Soeurs, 23- aux Hérons, 24- aux Chèvres, 25- Rock, 26- Mud Pie, 27- des Soeurs et 28- de la Couvée.

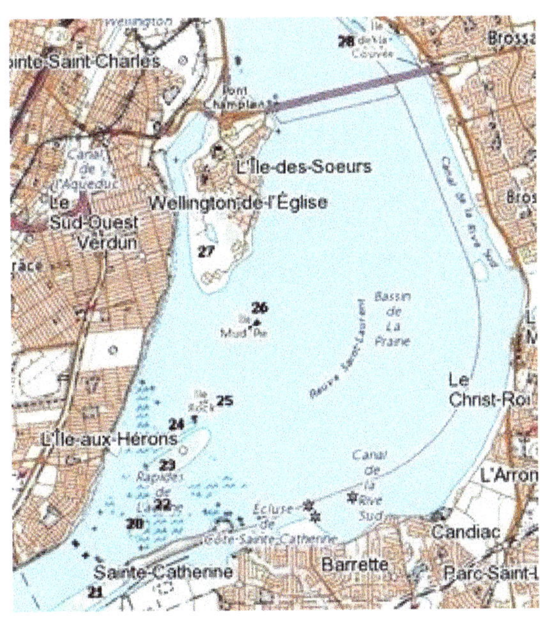

Les îles près du centre-ville de Montréal 29- Notre-Dame et 30- Sainte-Hélène..

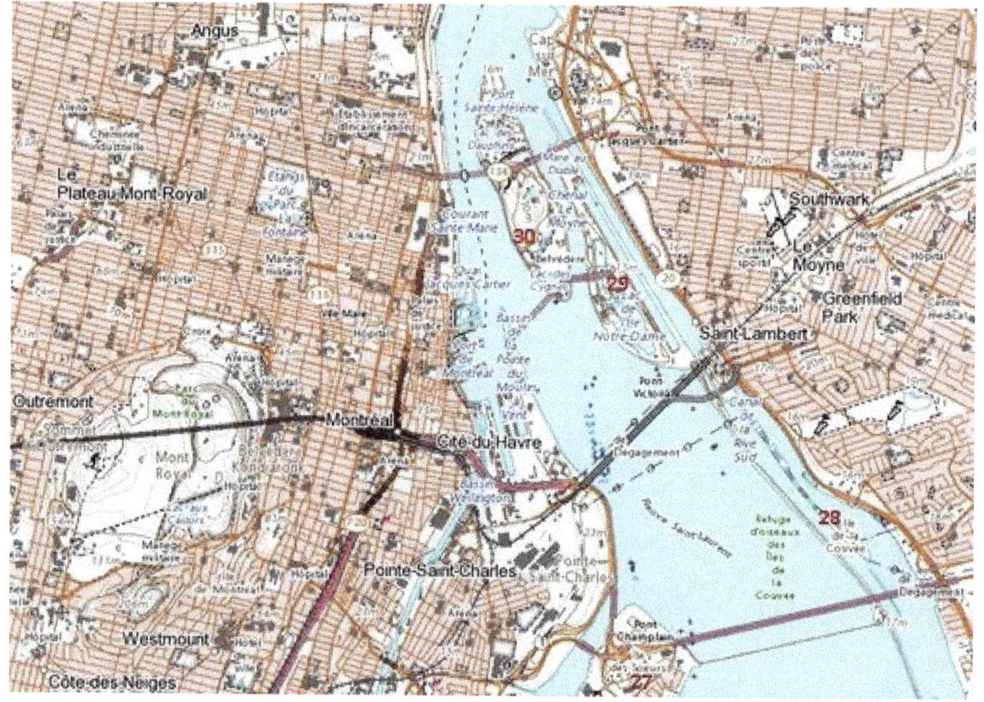

Les 9 îles de Boucherville:1- Charron, 2- Sainte-Marguerite, 3- Saint-Jean, 4- Pinard, 5- de la Commune, 6- Grosbois, 7- Tourte Blanche, 8- Lafontaine et 9- Dufault. Et l'île Verte (31) de Longueuil.

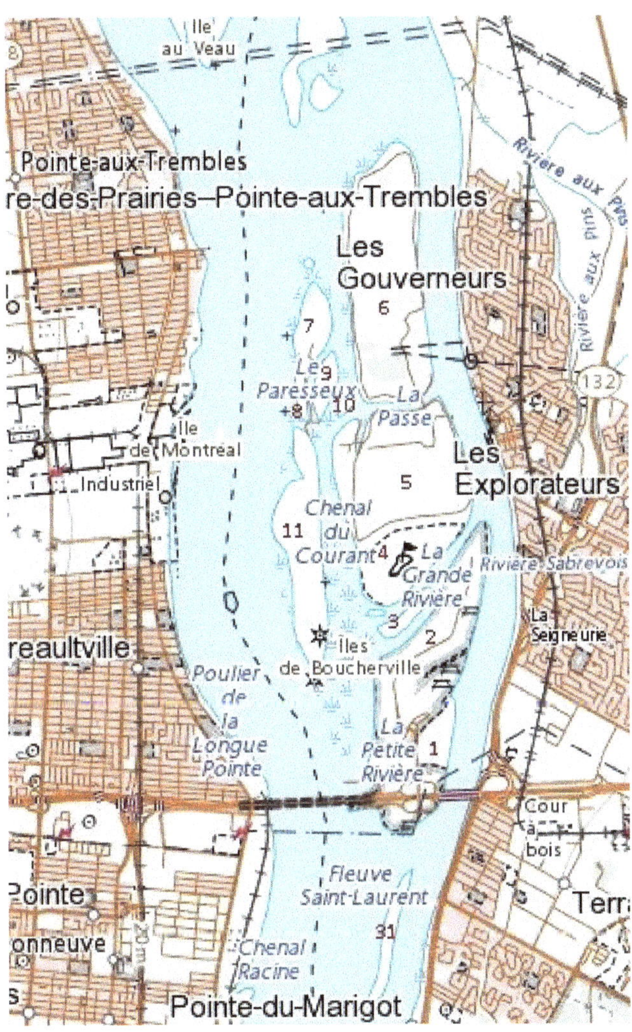

Les îles de Varennes 1- Masta, 2- Saint-Patrice, 3- La Grande-Île, 4- aux Vaches, 5- au Veau, 6- Sainte-Thérèse, 7- aux Moutons, 8- aux Canards, 9- à l'Aigle, 10- à la Truie, 11- îlet Vert, 12- au Bois-Blanc, 13- aux Cerfeuils, 14- Deslauriers, 15- Saint-Laurent, 16- à la Pierre, 17- Bellegarde, 18- Robinet et 19- aux Ragominaires.

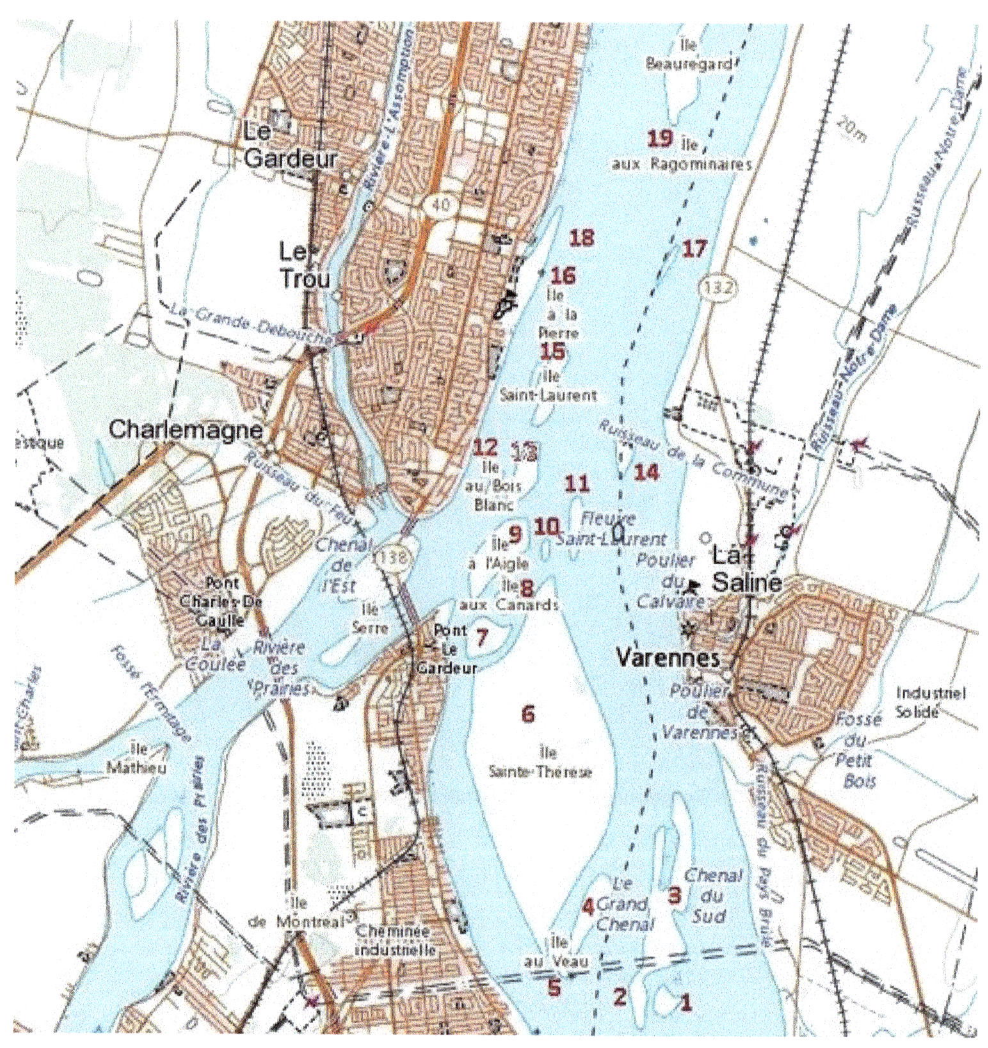

Les îles de Verchères 1- Beauregard, 2- à Bayol, 3- à Chalut, 4- Marie, 5- Desmarais, 6-Dansereau, 7- aux Prunes, 8- aux Boeufs, 9- Ronde et 10- Bouchard.

Les trois dernières appartiennent à la paroisse Saint-Sulpice sur la rive gauche.

Les îles dans le Saint-Laurent

C.	Île	Ville	C.	Île	Ville
1	Dowker	Notre-Dame de l'île Perrot	1	Charron	Boucherville
2	Caron	Notre-Dame de l'île Perrot	2	Sainte-Marguerite	Boucherville
3	Madore	Notre-Dame de l'île Perrot	3	Saint-Jean	Boucherville
4	Daoust	Notre-Dame de l'île Perrot	4	Pinard	Boucherville
5	des Cascades	Pointe des Cascades	5	de la Commune	Boucherville
6	des Faubert	Beauharnois	6	Grosbois	Boucherville
7	du Docteur	Beauharnois	7	Tourte blanche	Boucherville
8	à Thomas	Beauharnois	8	Lafontaine	Boucherville
9	au Diable	Beauharnois	9	Dufault	Boucherville
10	aux Veaux	Beauharnois	1	Masta	Varennes
11	à Tambault	Beauharnois	2	Saint-Patrice	Varennes
12	aux Plaines	Beauharnois	3	Grande Île	Varennes
13	Mercier	Déry	4	aux Vaches	Varennes
14	Saint-Bernard	Chateauguay	5	aux Veaux	Varennes
15	Saint-Nicolas	Chateauguay	6	Sainte-Thérèse	Varennes
16	Dorval	Île-Dorval	7	aux Moutons	Varennes
17	Bushy	Dorval	8	aux Canards	Varennes
18	Dixie	Dorval	9	à l'Aigle	Varennes
19	Tekakwitha	Kahnawake	10	à la Truie	Varennes
20	au Diable	Sainte-Catherine	11	Îlet Vert	Varennes
21	du Seigneur	Sainte-Catherine	12	au Bois Blanc	Varennes
22	les Sept Soeurs	Verdun	13	aux Cerfeuils	Varennes
23	aux Hérons	Verdun	14	Deslauriers	Varennes
24	aux Chèvres	Verdun	15	Saint-Laurent	Varennes
25	Rock	Verdun	16	à la Pierre	Varennes
26	Mud Pie	Verdun	17	Bellegarde	Varennes
27	des Soeurs	Verdun	18	Robinet	Varennes
28	de la Couvée	Brossard	19	aux Ragominaires	Varennes
29	Notre-Dame	Montréal	1	Beauregard	Verchères
30	Sainte-Hélène	Montréal	2	à Bayol	Verchères
31	Verte	Longueuil	3	à Chalut	Verchères
			4	Marie	Verchères
			5	Desmarais	Verchères
			6	Dansereau	Verchères
			7	aux Prunes	Verchères
			8	Ronde	Verchères
			9	aux Boeufs	Verchères
			10	Bouchard	Verchères

Le nombre total d'îles de la CMM dans le Saint-Laurent est de 31 + 9 + 19 + 10 = 69.

4.3 Les îles dans la rivière des Mille-Îles

La source de la rivière des Mille-Îles est alimentée par le lac des Deux-Montagnes et débute sous le barrage du Grand-Moulin. Sous ce barrage, se trouvent l'île Boisée (1) et en aval l'île Turcotte (2) entourée par les rapides du Grand-Moulin. Ces deux îles font partie de Laval-Ouest ainsi que l'île Roussin. Le barrage du Grand-Moulin permet de contrôler le débit des eaux provenant du lac de Deux-Montagnes. Sur ce barrage, un chemin piétonnier sert aussi de piste cyclable entre Laval-Ouest et la ville des Deux-Montagnes. Parallèlement à ce barrage, un pont ferroviaire est occupé par la ligne de train reliant Deux-Montagnes et la gare Centrale de Montréal.

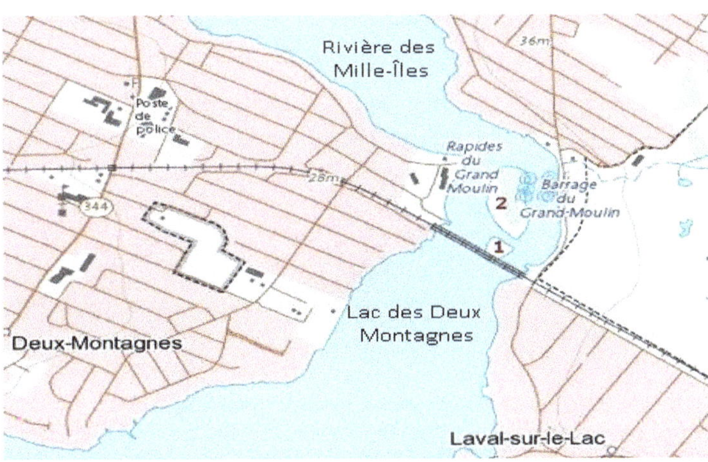

La ville de Saint-Eustache se trouve au nord de la ville des Deux-Montagnes. Elle est traversée par la rivière du Chêne qui se jette dans la rivière des Mille-Îles. À son embouchure, deux îles Arthur-Sauvé et Hector-Champagne (7) appartiennent à cette ville ainsi que l'île Gilbert-Masson (8) au nord-ouest du pont Arthur-Sauvé. Sur ce pont, la route 148 relie l'ouest de Laval à Saint-Eustache.

Au sud de ce pont, six îles sont lavalloises 1-Morton, 2- Rathé, 3- Beauchemin, 4- Arsenault ,

5- Regimbald et 6- Viau

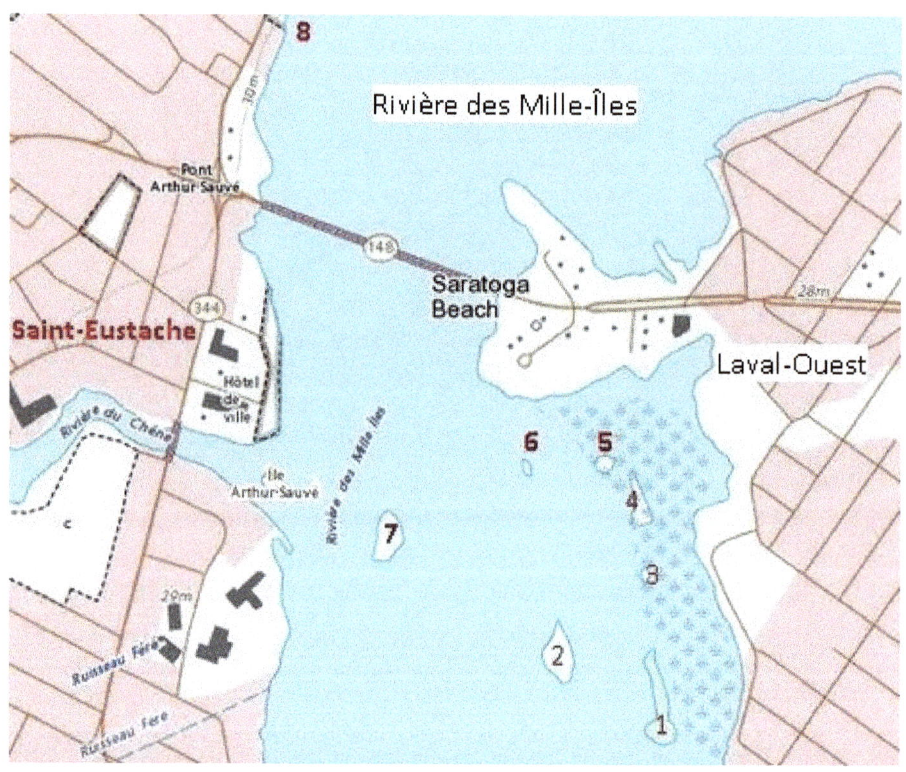

Entre Fabreville de Laval et Saint-Eustache, plusieurs îles font partie du territoire lavallois Dutrisac (1), Taillefer (2), Noëlla, Lacombe (9), aux Moutons et Provost Cette dernière île se trouve sous le pont Vachon occupé par l'autoroute 13. Les autres îles font partie de la ville de Saint-Eustache : Yale, Norbert-Aubé (3), Lambert-Guérin (4), Gauthier (5), Corbeil, Joseph-Lacombe (6) et Pont-Vachon (7). Les îles Locas (8) et Isaïe-Locas appartiennent à la ville de Boisbriand.

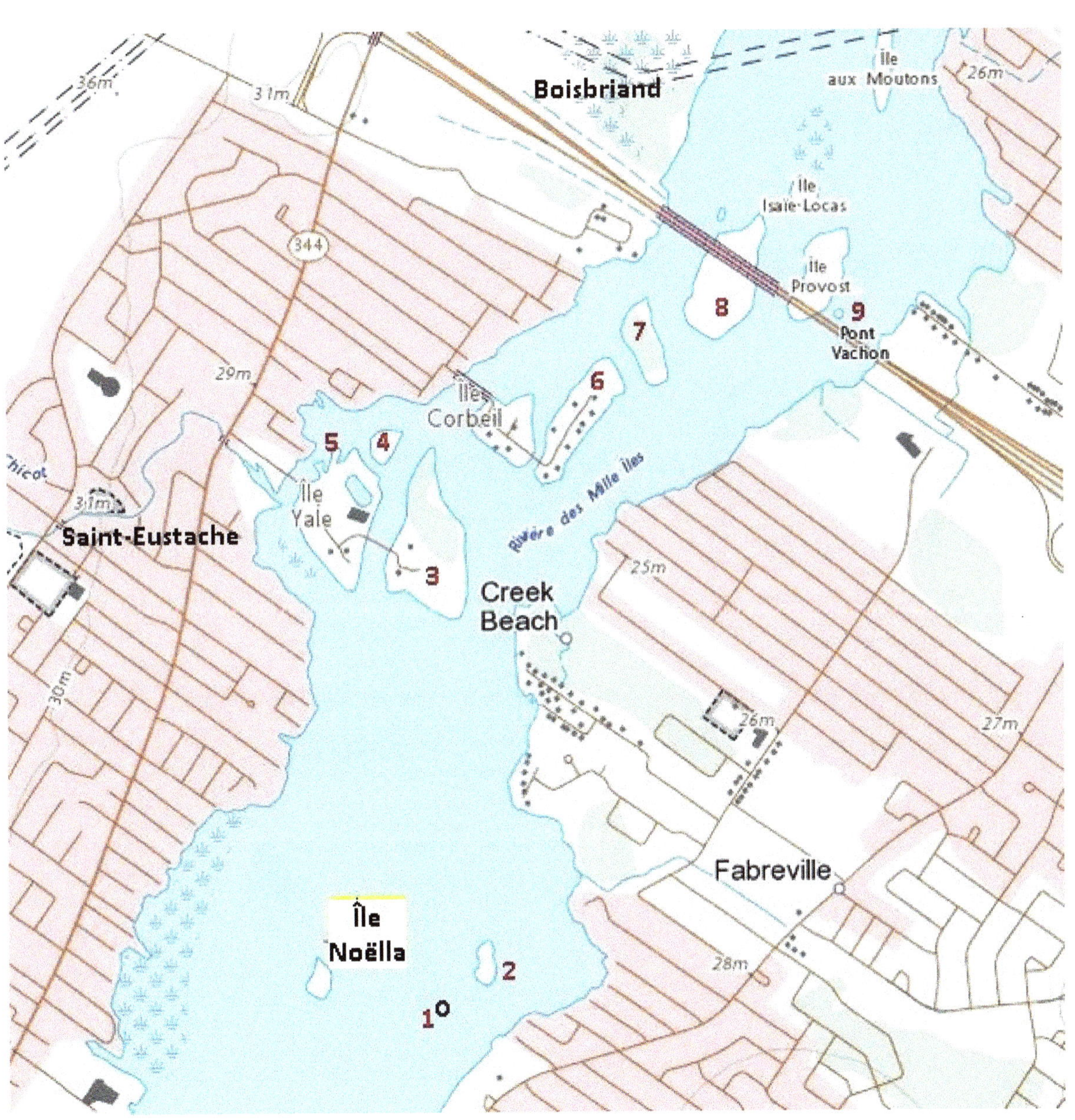

La ville de Boisbriand est traversée par l'autoroute 15 qui enjambe le pont Gédéon-Ouimet. De chaque côté de ce pont, treize îles font partie de cette ville: les îles Malouin (2), Mai (1), aux Moutons, Morris, Thibault (6), Lefebvre, Saint-Mars, des Lys (9) Ducharme, Paré, Gaudette, des Juifs et aux Fraises. Toutes les îles proches de Fabreville et Sainte-Rose font partie de la ville de Laval: Phénix (3), Chabot, Clermont (4), Desroches, Eugène (5), Lacroix, Locas , Langlois (7), des Frères (8), Chapleau (10), Kennedy, Gendron (11), Gagnon (12) et Rodier (13).

Ces 27 îles dont treize sont numérotées sont situées sur la carte ci-dessous.

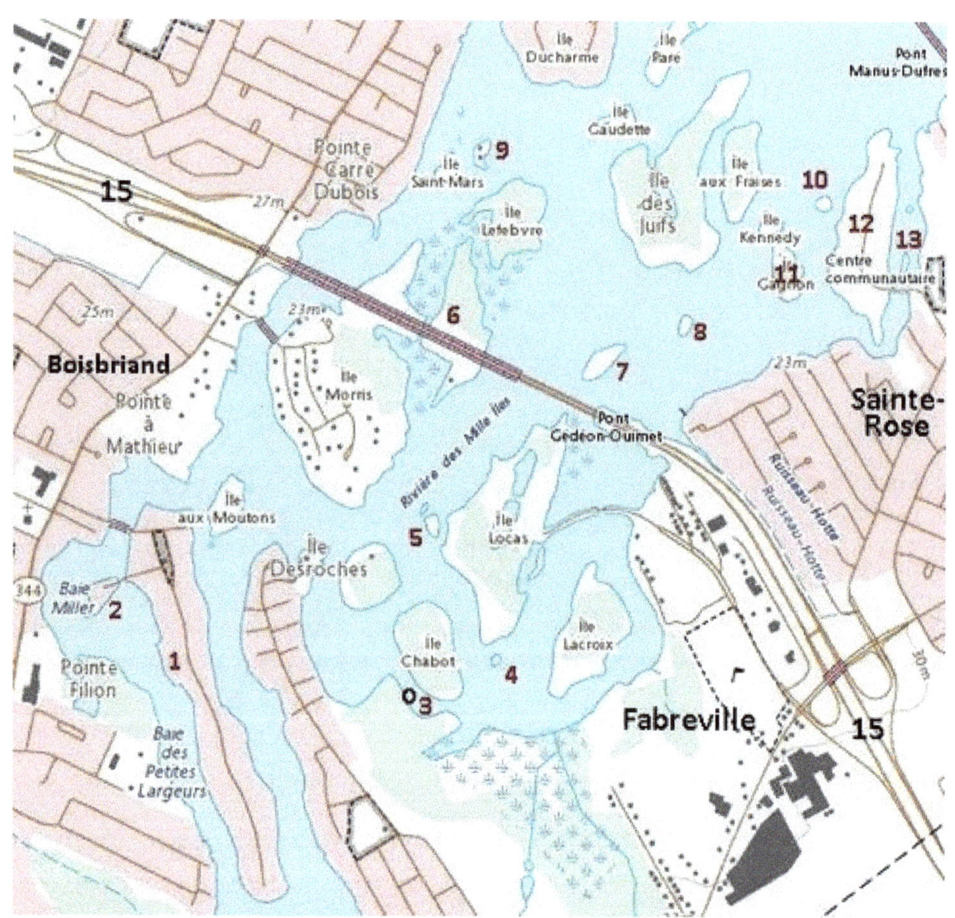

Le pont Marius-Dufresne (route 117) relie le quartier Sainte-Rose et Rosemère en passant sur l'île Bélair. Les deux petites îles de Darling et Joly sont lavalloises. Elles font partie du parc-nature de Sainte-Rose.

Les deux îles près de la rive d'Auteuil Bradford (1) et Cardinal (2) sont lavalloises alors que l'île des Gardes appartient à la ville de Rosemère. Au sud de l'île Garth, l'île de Grandmont (3) fait partie de la ville de Lorraine.

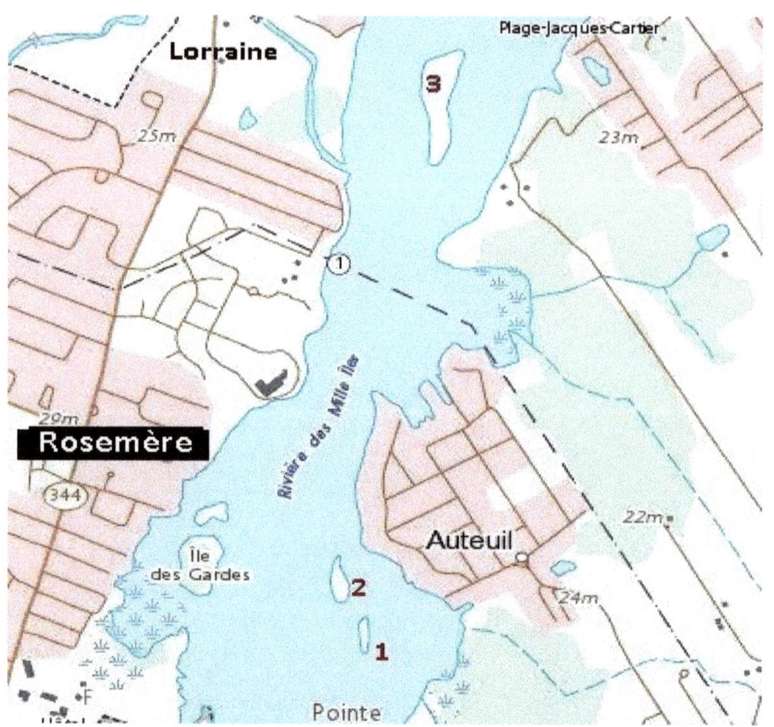

L’île allongée Garth et les îles aux Vignes font partie de la ville de Bois-des-Filion tandis que l’île Lamothe (1) en aval du pont Athanase-David appartient à la ville de Laval.

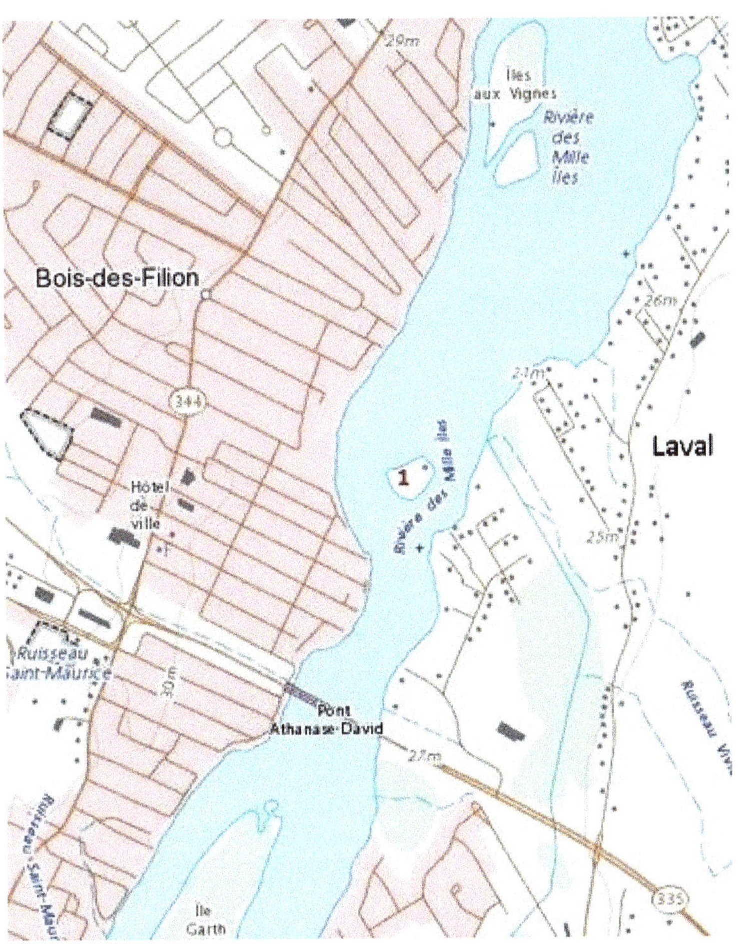

Les trois petites îles situées en amont de l'île Jargaille ainsi que la grande île Saint-Joseph font partie de Laval. Ces trois îles se nomment Brodeur (1), Boily (2) et Bouchard (3).

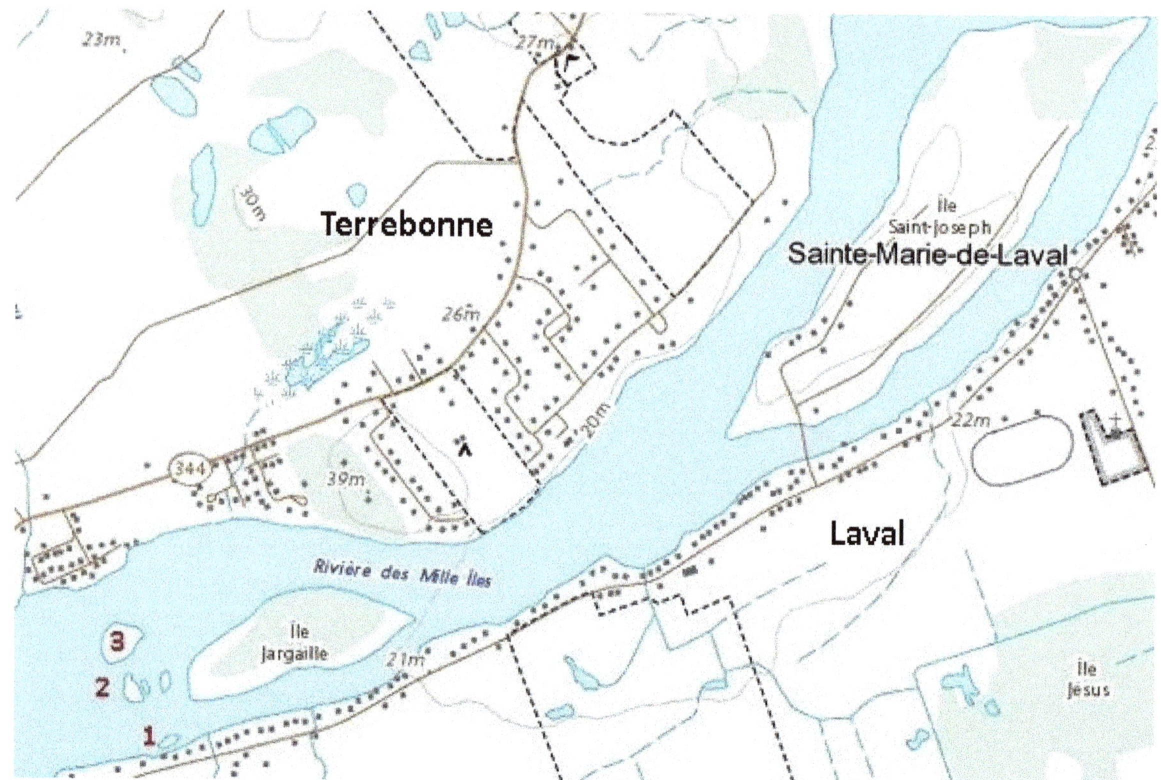

Les îles habitées de Saint-Jean et des Moulins (14) sont reliées à la ville de Terrebonne. À cette ville, est aussi rattachée l'île aux Moutons . Le barrage du Moulin-Neuf qui a été reconstruit en 1979 permet de réguler le cours de la rivière et de contrôler les glaces au printemps. Il fait face aux rapides du Moulin. Les treize îles autour de l'île aux Vaches font partie de Laval : 1- Forget, 2- Poirier, 3- Limoges , 4- Perron, 5- Collins, 6- Witheford , 7-Raymond, 8- aux Pruches , 9- au Foin , 10- Dulude, 11- Douvreleur, 12- Sylva et 13- Desrosiers .

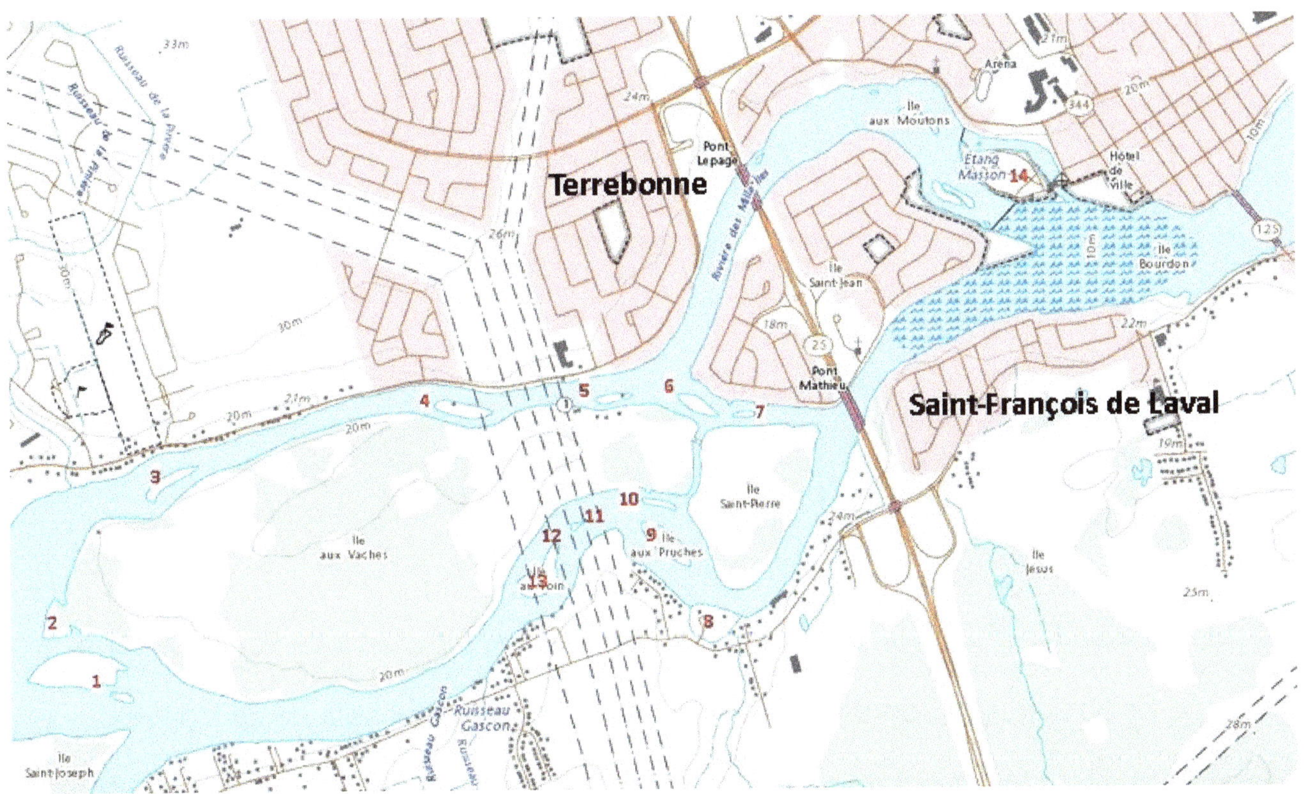

La rivière des Mille-Îles se jette dans la rivière des Prairies en aval de l'île Mathieu près de la pointe orientale de la ville de Laval. Son niveau de l'eau atteint 4 mètres alors qu'à la source elle est en moyenne à 21 mètres. Elle a parcouru un trajet d'environ 40 km.

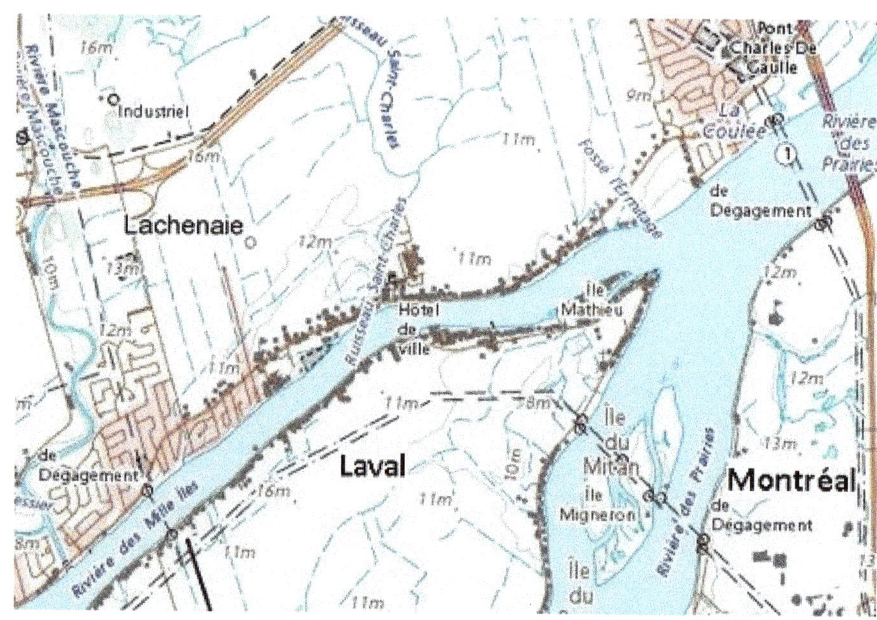

Dans le tableau des 89 îles dans la rivière des Mille-Îles, 56 font partie de la ville de Laval alors que les 33 autres font partie des villes riveraines de la couronne nord de Montréal. Elles sont classées selon leur position géographique entre la source et l'embouchure de la rivière.

Îles dans la rivière des Mille-Îles

C.	Île	Municipalité	C.	Île	Municipalité
1	Île Boisée	Laval	46	des Juifs	Boisbriand
2	Île Turcotte	Laval	47	aux Fraises	Boisbriand
3	Île Morton	Laval	48	Île Chapleau	Laval
4	Île Beauchemin	Laval	49	Île Kennedy	Laval
5	Île Arsenault	Laval	50	Île Rodier	Laval
6	Île Régimbald	Laval	51	Île Gendron	Laval
7	Île Viau	Laval	52	Île Gagnon	Laval
8	Île Rathé	Laval	53	Paré	Rosemère
9	Arthur-Sauvé	Saint-Eustache	54	Bélair	Rosemère
10	Hector-Champagne	Saint-Eustache	55	Île Darling	Laval
11	Gilbert-Masson	Saint-Eustache	56	Île Joly	Laval
12	Île Noëlla	Laval	57	des Gardes	Rosemère
13	Île Dutrisac	Laval	58	Île Cardinal	Laval
14	Île Taillefer	Laval	59	Île Bradford	Laval
15	Yales	Saint-Eustache	60	île de Grandmont	Lorraine
18	Gauthier	Saint-Eustache	61	Garth	Bois-des-Filion
17	Lambert-Guérin	Saint-Eustache	62	Île Lamothe	Laval
18	Norbert-Aubé	Saint-Eustache	63	aux Vignes	Bois-des-Filion
19	Corbeil	Saint-Eustache	64	Île Bouchard	Laval
20	Joseph-Lacombe	Saint-Eustache	65	Île Boily	Laval
21	du Pont-Vachon	Boisbriand	66	Île Brodeur	Laval
22	Locas	Boisbriand	67	Île Jargaille	Laval
23	Île Provost	Laval	69	Île Saint-Joseph	Laval
24	Île Isaïe-Locas	Laval	70	Île Forget	Laval
25	Île Lacombe	Laval	71	Île Poirier	Laval
26	Île aux Moutons	Laval	72	Île aux Vaches	Laval
27	Mai	Boisbriand	73	Île Limoges	Laval
28	Malouin	Boisbriand	74	Île Perron	Laval
29	aux Moutons	Boisbriand	75	Île Collins	Laval
30	Île Desroches	Laval	76	Île Witheford	Laval
31	Île Chabot	Laval	77	Île Desrosiers	Laval
32	Île Phénix	Laval	78	Île Sylva	Laval
33	Île Clermont	Laval	79	Île Douvreleur	Laval
34	Île Lacroix	Laval	80	Île au Foin	Laval
35	Île Locas	Laval	81	Île Dulude	Laval
36	Île Eugène	Laval	82	Île aux Pruches	Laval
37	Morris	Boisbriand	83	Île Saint-Pierre	Laval
38	Thibault	Boisbriand	84	Île Raymond	Laval
39	Lefebvre	Boisbriand	85	Saint-Jean	Terrebonne
40	Saint-Mars	Boisbriand	86	aux Moutons	Terrebonne
41	des Lys	Boisbriand	87	des Moulins	Terrebonne
42	Île Langlois	Laval	88	Île Bourdon	Laval
43	Île des Frères	Laval	89	Île Mathieu	Laval
44	Ducharme	Rosemère			
45	Gaudet	Rosemère			

4.4 Les îles et les rapides sur la rivière des Prairies

La source du double embranchement de la rivière des Prairies provient du lac des Deux-Montagnes au nord de l'île Bizard en amont des rapides Lalemant et au sud-ouest de l'île Bizard en amont des rapides de Cap-Saint-Jacques. Si un double barrage contrôlait le débit de la source de la rivière des Prairies, les dangers d'inondations en aval pourraient être contrôlés lors des crues printanières. Au sud et à l'est de l'île Bizard, la rivière contourne quatre petites îles Mercier, Ménard, Jasmin et Barwick.

Le service d'accueil du parc-nature Cap-Saint-Jacques organise des randonnées sur la rivière des Prairies. Des résidents riverains peuvent aussi naviguer avec leur navigation de plaisance dans la zone balisée de la rivière des Prairies entre l'île Bizard et le pont Louis-Bisson. Au nord de l'île Bizard, le lac des Deux Montagnes se déverse aussi sans obstacle dans la rivière des Prairies en travers des rapides de Lalemant. Elle contourne les îles de Laval: Bigras, Pariseau, Verte et Ronde.

La rivière continue son tracé entre Pierrefonds-Roxboro et Laval et rencontre deux îles non habitées : l'île Roxboro et l'île aux Chats. À l'ouest de l'île de Roxboro, la rivière se présente sous la forme des rapides du Cheval Blanc. En aval du pont Louis-Bisson (autoroute 13), l'île boisée Aux Chats fait face à l'embouchure du ruisseau Bertrand qui coule au milieu du parc-nature Bois-de-Liesse. Plus en aval, deux îles lavalloises sont occupées par des immeubles de condominiums de luxe: les îles de Tremblay(15) et Paton (16).

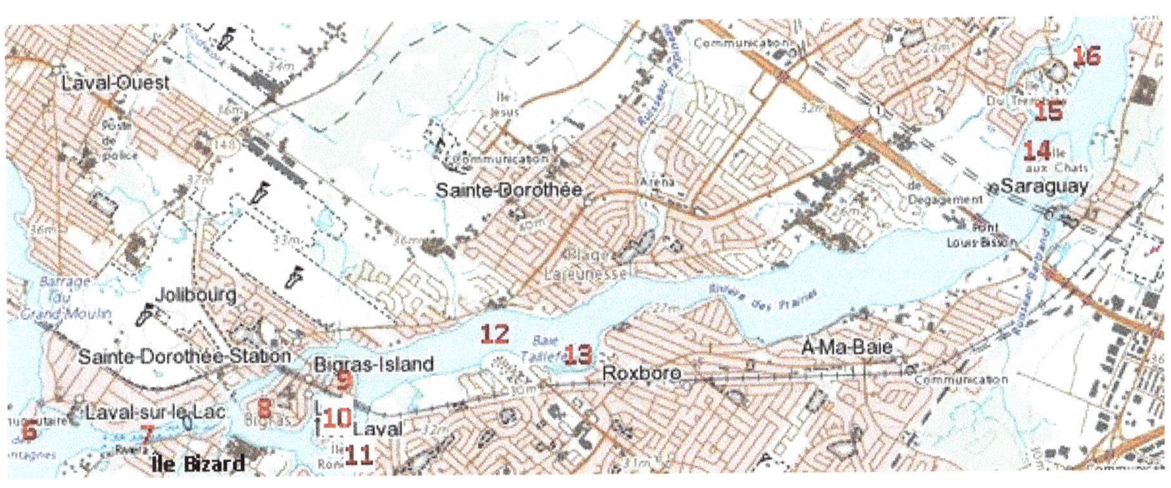

L'île Perry est occupée par un parc montréalais et est traversée par le pont ferroviaire et cyclable en direction de Laval. À cet endroit, les rapides du Gros-Sault ont permis autrefois l'installation d'un ancien moulin hydraulique démoli en 1892. En aval de l'île Perry, la rivière se transforme de nouveau sous forme de rapides: les rapides du Sault au Récollet

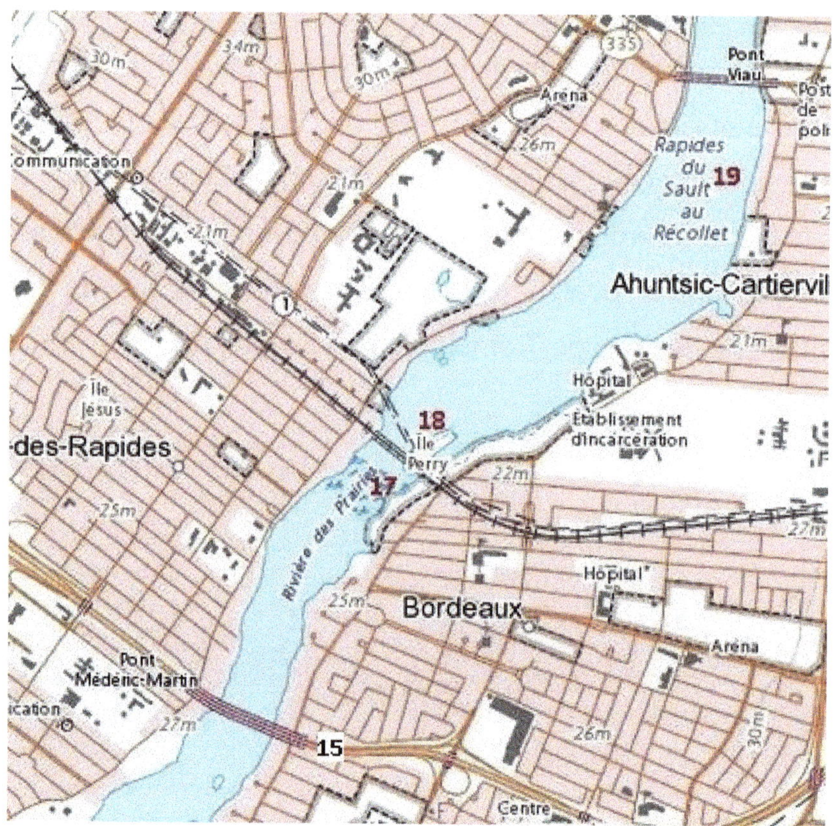

En aval des rapides du Sault au Récollet, la rivière a un cours plus calme le long du parc régional de l'Île-de-la-Visitation et de l'île du Cheval de Terre, À cet endroit, l'altitude sur les îles est de 21 mètres et la rivière y est coupée par le barrage de la Rivière-des-Prairies qui alimente une centrale hydroélectrique.

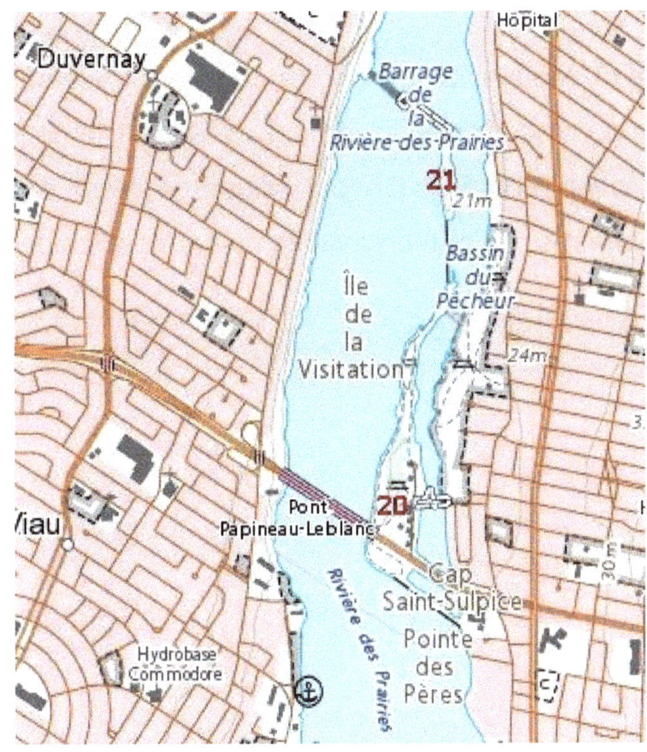

La rivière suit un parcours plus étroit entre Montréal-Nord et le quartier Duvernay de Laval et s'élargit sous le pont de la 25 où se trouvent trois îles : Boutin, Lapierre et Gagné. L'altitude sur ces îles est d'à peine 10 mètres. Un service privé récréo-touristique sous le nom " La route de Champlain" offre des randonnées sur la rivière entre le pont Pie IX et le pont Olivier-Charbonneau (autoroute 25).

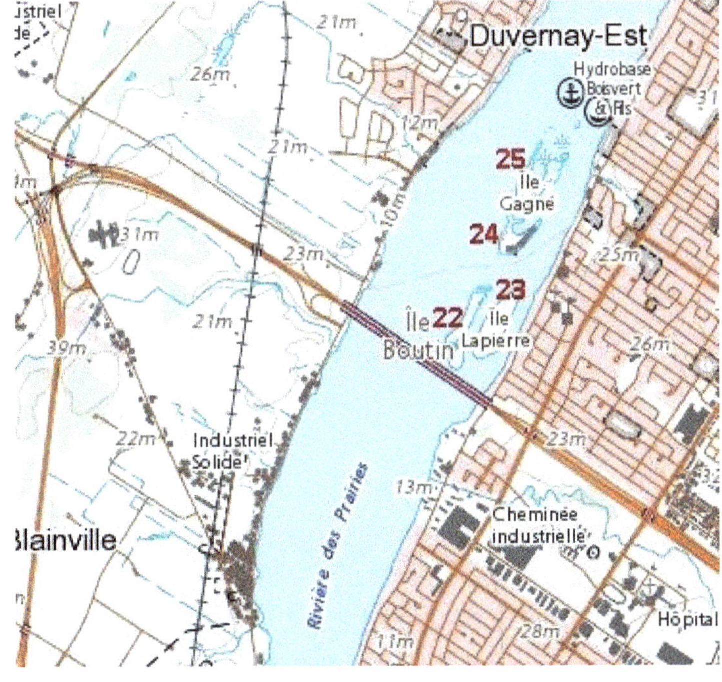

Près des îles Pierre et du Moulin Saint-François, la rivière traverse les rapides de la rivière des Prairies du même nom que l'arrondissement voisin de l'île de Montréal. Ensuite elle contourne quatre îles lavalloises: Bois Debout, Migneron, Mitan et Moulin dont les altitudes oscillent entre 9 et 11 mètres. Un peu en aval, la rivière des Prairies reçoit les eaux de la rivière des Mille-Îles.

Entre les ponts Charles-de-Gaulle et Legardeur, la rivière des Prairies ralentit son cours en contournant quatre îles montréalaises : Bonfoin, Bourdon, Serre et Haynes et elle termine son parcours avec l'embouchure de la rivière Assomption dans le fleuve Saint-Laurent dont le niveau d'eau est seulement de deux mètres.

Îles dans la rivière des Prairies

C.	Îles – Rapides (R.)	Ville	C.	Îles – Rapides (R.)	Ville
1	R. Saint-Jacques	Montréal	19	R. Sault-au-Récollet	Laval-Mtl
2	Mercier	Montréal	20	De-La-Visitation (21 m)	Montréal
3	Ménard	Montréal	21	Cheval-de-Terre	Montréal
4	Jasmin	Montréal	22	Boutin	Montréal
5	Barwick	Montréal	23	Lapierre	Montréal
6	Roussin	Laval	24	Rochon	Montréal
7	R. Lalemant	Laval-Mtl	25	Gagné (10 m)	Montréal
8	Bigras	Laval	26	R.Rivière-des-Prairies	Laval-Mtl
9	Pariseau	Laval	27	Pierre	Laval
10	Verte	Laval	28	Du-Moulin-St-François	Laval
11	Ronde	Laval	29	Du-Bois-Debout	Laval
12	R.du Cheval-Blanc	Montréal	30	Migneron (11 m)	Laval
13	Roxboro	Montréal	31	Du-Mitan	Laval
14	Aux-Chats	Montréal	32	Du-Moulin (9 m)	Laval
15	Du-Tremblay	Laval	33	Bonfoin (13 m)	Montréal
16	Paton	Laval	34	Haynes	Montréal
17	R. Gros-Sault	Montréal	35	Serre	Montréal
18	Perry	Montréal	36	Bourdon (10 m)	Repentigny

Chapitre 5 Le climat de Montréal

5.1 Les facteurs climatiques

Située entre 45° et 46° de latitude nord, la région de Montréal s'étend en plein milieu de la zone tempérée de l'hémisphère nord. À cette latitude, le principal facteur climatique correspond à la position du soleil variable selon les saisons.

Au solstice d'été, le soleil demeure au-dessus de l'horizon pendant environ 15h45 chaque jour, et brille à midi sous un angle approximatif de 70°.

Au solstice d'hiver par contre le soleil n'est visible que durant 8h45 environ et ne s'élève jamais à plus de 25° au-dessus de l'horizon entre le 22 novembre et le 21 janvier, Il diffuse alors peu de chaleur et la moyenne de la variation diurne de température est de 5°C seulement contre 16° en plein été.

Montréal est situé à plus de 1500 km de l'océan atlantique dans une large vallée, il est donc plus soumis à l'influence des masses d'air arctique et tropical.

La masse d'air arctique provient de la mer d'Hudson et se déverse à l'intérieur de l'Amérique du nord en passant par la vallée du Saint-Laurent. Elle produit des vagues de froid en hiver et de la fraîcheur durant les journées chaudes d'été.

L'air tropical, lui, provient du golfe du Mexique, remonte l'ouest des monts Appalaches et gagne la région des Grands Lacs avant d'atteindre la plaine de Montréal. Il amène à cet endroit de la neige, de la pluie ou du dégel durant l'hiver et des vagues de chaleur humide ou des orages en été. Les masses d'air tropical et arctique se déplacent en fonction des mouvements du courant jet polaire.

Les Grands Lacs situés entre 300 km et 1500 km de Montréal forment des nappes d'eau partiellement libres de glace en hiver. Ils accroissent sensiblement l'humidité et les précipitations quand les masses d'air se dirigent vers le nord-est dans la région de Montréal.

L'air tropical à l'est des Appalaches prend sa source en Floride, reçoit l'air chaud du Gulfstream et longe les plaines côtières de l'Atlantique.. Il peut être entraîné vers Montréal sous l'action d'une tempête côtière riche en humidité et provoque d'abondantes précipitations en été et en hiver. En hiver, ces précipitations deviennent des tempêtes de neige.
L'Atlantique-Nord influence la météo de Montréal lorsqu'une basse pression (dépression) demeure stationnaire dans le golfe du Saint-Laurent refroidi par le courant marin froid du Labrador. Les vents d'est et nord-est apportent un air humide et frais vers Québec et Montréal.
La météo variable de Montréal s'explique par les changements fréquents des zones de haute pression (anticyclones) et de basse pression (dépressions). Lorsqu'un anticyclone se forme au-dessus de Montréal (pression atmosphérique supérieure à 101,3 kPa), le temps est frais et ensoleillé en hiver, et il devient sec et ensoleillé l'été. Quant aux dépressions (pression atmosphérique inférieure à 101,3 kPa), elles prennent souvent naissance au centre-sud des États-Unis, progressent vers les Grands Lacs et ensuite vers Montréal. Elles provoquent des tempêtes de neige, des pluies verglaçantes ou des pluies durant l'hiver, mais elles produisent des orages courts et violents durant l'été.

5.2 Les vents dans la région de Montréal

Les vents se caractérisent par leur vitesse mesurée par un anémomètre et par leur direction indiquée par une girouette. L'effet éolien fait baisser la température surtout en hiver.
La vitesse moyenne des vents à Montréal est de 18 km/h. Elle est plus élevée en janvier et février (20 km/h) et plus faible en août (15 km/h). La vitesse des vents dépend du gradient barométrique c'est-à-dire la différence de pression atmosphérique entre un anticyclone et une dépression. Ce gradient dépend des différences de température entre deux régions. Les vents d'hiver réduisent la pollution atmosphérique mais refroidissent davantage la

température. Quant aux périodes prolongées des vents légers en été, ils favorisent la pollution atmosphérique, surtout lorsqu'un vaste anticyclone recouvre le sud du Québec. Dans la zone tempérée du monde, les vents réguliers sont des vents d'ouest. Environ 60% de l'année, les vents dominants dans la région de Montréal sont des vents d'ouest et du sud-ouest. Ces vents apportent un air plus frais venant des vallées de l'Outaouais et du Haut-Saint-Laurent. Les vents sont canalisés principalement dans la direction ouest-sud-ouest à cause de l'orientation de la vallée du Saint-Laurent. Ils peuvent être déviés au pied des massifs du mont Royal et du mont Saint-Bruno.

5.3 Les températures à Montréal

Dates	Jan	Fév	Mars	Avr	Mai	Juin	Juil	Août	Sep	Oct	Nov	Déc	Moy.
1941-1970	-8,9	-7,6	-1,4	6,7	13,6	19,1	21,6	20,4	15,8	10,1	2,9	-5,7	7,2
1980-2010	-9,7	-7,7	-2	6,4	13,4	18,6	21,2	20,1	15,5	8,5	2,1	-5,4	6,8

Source : Centres météo McGill et aéroport PET

Les températures moyennes quotidiennes ont été mesurées en degrés Celsius selon les normes internationales durant 30 ans entre 1941 et 1970 au centre météorologique de l'université McGill et entre 1980 et 2010 à l'aéroport Pierre-Elliot-Trudeau (PET) à Dorval. La température moyenne à McGill est plus élevée qu'à Dorval car le centre McGill est proche du centre-ville alors que l'aéroport est en banlieue ouest de Montréal. L'amplitude thermique saisonnière est très élevée : plus de 30°C. À McGill : 21,6 + 8.9 = 30,5 et à Dorval : 21,2 + 9,7 = 30,9.

Durant six mois, les températures moyennes mensuelles dépassent la moyenne annuelle, alors que durant quatre mois, les températures mensuelles sont sous zéro. Les trois mois d'été sont très chauds avec une moyenne d'environ 20°C alors que les trois mois d'hiver sont très froids avec des moyennes inférieures à -7°C. Ce contraste extrême des températures entre l'été et l'hiver est la caractéristique d'un climat tempéré continental propre à Montréal comme la plupart des villes canadiennes situées entre les villes de Québec et Calgary,

Les températures de la région de Montréal sont influencées par les facteurs suivants : les masses d'air, les vents, l'humidité de l'air, la nature du sol et la longueur du jour et de la nuit. Les masses d'air tropical apportent de la chaleur tandis que les masses d'air arctique refroidissent la température normale.

La vitesse du vent influence aussi la température. La peau d'une personne exposée à une température de -20°C par un vent fort de 20 km/h se refroidit comme si la température était –30°C et peut subir des engelures après une exposition de 30 minutes. Les météorologues annoncent souvent en hiver deux types de température : la température du thermomètre et la température ressentie selon l'indice du refroidissement éolien.

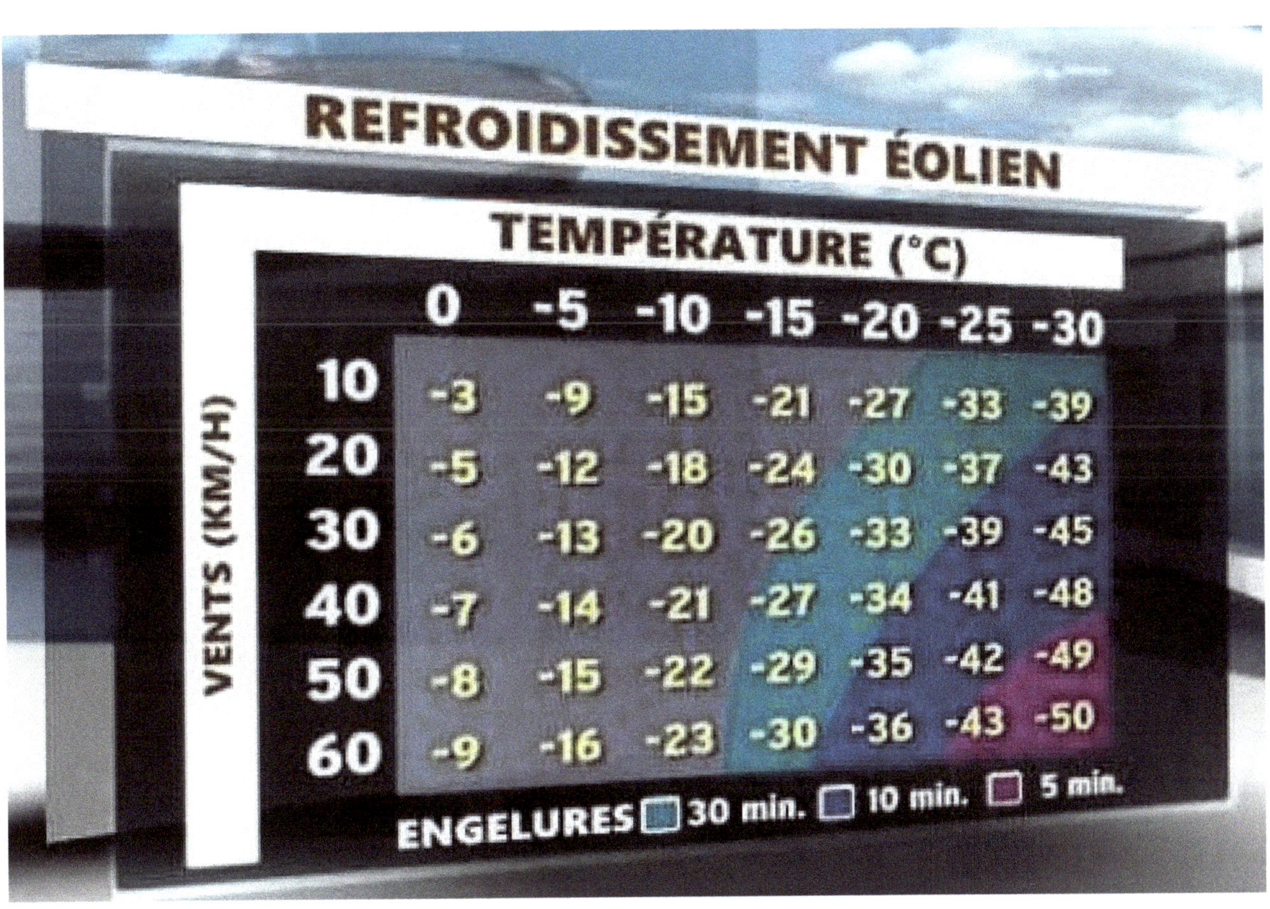

REFROIDISSEMENT ÉOLIEN

VENTS (KM/H)	TEMPÉRATURE (°C)						
	0	-5	-10	-15	-20	-25	-30
10	-3	-9	-15	-21	-27	-33	-39
20	-5	-12	-18	-24	-30	-37	-43
30	-6	-13	-20	-26	-33	-39	-45
40	-7	-14	-21	-27	-34	-41	-48
50	-8	-15	-22	-29	-35	-42	-49
60	-9	-16	-23	-30	-36	-43	-50

ENGELURES 30 min. 10 min. 5 min.

La vitesse des vents à Montréal est de 16 km/h. Elle varie entre 13,4 km/h en août et 17,9 km/h en décembre. Cette vitesse est donc plus élevée en hiver et l'indice du refroidissement éolien est une donnée météorologique importante.

Le tableau du refroidissement permet d'évaluer le refroidissement éolien en fonction de la vitesse des vents.

La direction des vents influence aussi le temps. Les vents dominants d'ouest et du sud-ouest favorisent un temps pluvieux alors que les vents d'est et du nord-est sont plus secs mais plus froids surtout en hiver.

Pour indiquer de quelle manière la plupart des gens réagissent au temps chaud et humide, les météorologues canadiens ont inventé l'indice humidex (ou degré de confort).

Si l'humidité de l'air est de 65% et que la température annoncée est de 30°C, les gens vont ressentir une température de 40°C et seront soumis à divers malaises.

Si en septembre l'humidité monte à 75% et que la température prévue est de 25° C, l'indice humidex est à 33° C.

Température de l'air (°C)	Humidité relative (%)																
	20	25	30	35	40	45	50	55	60	65	70	75	80	85	90	95	100
21					21	22	22	23	24	24	25	26	26	27	28	28	29
22				22	22	23	24	25	25	26	27	27	28	29	29	30	31
23				23	24	24	25	26	27	28	28	29	30	31	31	32	33
24				24	25	26	27	28	28	29	30	31	32	33	33	34	35
25				25	26	27	28	29	30	31	32	33	34	35	35	36	37
26			26	27	28	29	30	31	32	33	34	35	36	36	37	38	39
27			27	28	29	30	31	32	33	34	35	36	37	38	39	40	41
28			28	30	31	32	33	34	35	36	37	38	39	40	42	43	44
29		29	30	31	32	33	35	36	37	38	39	40	41	43	44	45	46
30		30	31	32	34	35	36	37	39	40	41	42	43	45	46	47	48
31		31	33	34	35	37	38	39	40	42	43	44	46	47	48	49	50
32		33	34	35	37	38	40	41	42	44	45	46	48	49	50	51	53
33	33	34	36	37	38	40	41	43	44	46	47	48	50	51	52	54	55
34	34	35	37	39	40	42	43	45	46	47	49	50	52	53	55	56	58
35	35	37	39	40	42	43	45	46	48	49	51	53	54	56	57	58	
36	37	38	40	42	43	45	47	48	50	51	53	55	56	58	59		
37	38	40	42	43	45	47	49	50	52	54	55	57	58				
38	40	42	43	45	47	49	50	52	54	56	57	59					
39	41	43	45	47	49	51	52	54	56	58	59						
40	43	45	47	49	51	52	54	56	58								
41	45	47	48	50	52	54	56	58									
42	46	48	50	52	54	56	58										
43	48	50	52	54	56	58											

La nature du sol et son mode d'utilisation créent des températures variables d'un endroit à l'autre de la ville. Les terrains dénudés comme les surfaces d'eau du fleuve, les immeubles, les stationnements et les voies de circulation asphaltées et en béton augmentent la température en été, mais entraînent des vents locaux qui font baisser la température. Dans les zones où les constructions sont denses et élevées, la chaleur est plus élevée que sur les rives autour de l'île de Montréal. Dans une zone boisée comme le parc du Mont-Royal et dans les parcs-nature en banlieue, l'air ambiant sera plus frais selon les saisons. Entre le centre-ville et la banlieue, les températures et le nombre de jours de gel sont différents. À l'université McGill, la température est plus élevée (7,2 °C) et le nombre de jours de gel est moins grand (136 jours) alors que le mont Saint-Hilaire connaît des températures plus faibles (5,3 °C) et plus de jours de gel (160 jours).

Les longueurs des nuits et des jours influencent aussi les températures saisonnières. Les nuits courtes et humides d'été freinent les baisses thermiques alors que les longues nuits d'hiver provoquent une baisse sensible de la température.

5.4 Les précipitations et l'humidité

Les précipitations jouent un rôle important pour la vie économique de Montréal. La pluie est vitale pour les activités économiques car elle fournit l'eau dans les centrales hydroélectriques et les voies navigables. En hiver, les tempêtes de neige affectent le confort des montréalais par leur incidence sur les moyens de communication et les transports. Idéalement les précipitations régulières et suffisantes sont avantageuses pour satisfaire les besoins industriels et agricoles sans nuire à la vie sociale de la population.

Dates	Jan	Fév	Mars	Avr	Mai	Juin	Juil	Août	Sep	Oct	Nov	Déc	Moy.
1941-1970	79,5	71,4	75,2	77	74,9	87,1	93	91,7	86,6	79	92,7	90,9	83,3
Neige cm	53,8	55,6	38,1	10,9	1,5	0	0	0	0	1,5	23,6	57,9	20,2
1941-1970	77,2	62,7	69,1	82,2	81,2	87	89,3	94,1	83,1	91,3	96,4	86,8	83,4
Neige cm	49,5	41,2	36,2	12,9	0	0	0	0	0	1,8	19	48,9	17,5

Les données du tableau ont été enregistrées dans deux stations météorologiques sur des périodes différentes: de 1941 à 1970 dans la station McGill et de 1980 à 2010 dans la station de l'aéroport Pierre-Elliot-Trudeau à Dorval, Les précipitations sont indiquées en millimètres (mm) et les chutes de neige en centimètres (cm). Un centimètre de neige (10 mm) équivaut à 1 mm d'eau de pluie.

Les pluies sont plus abondantes que la moyenne annuelle de mai à novembre alors que les chutes de neige se déroulent du 26 novembre au 28 mars. L'été montréalais est une saison chaude et pluvieuse alors que les quatre mois d'hiver sont les plus enneigés à des températures les plus froides.

Les précipitations totales en un an peuvent atteindre environ un mètre ou 1000 mm. Un cinquième de ces précipitations sont des chutes de neige (209,5 cm), Celles-ci peuvent être plus élevées (243 mm) au centre météorologique McGill entre 1941 à 1970.

Ces chutes de neige entraînent des coûts élevés de déneigement pour la municipalité de Montréal. Ce coût a été de 213 millions en 2013, 225 millions en 2008 et plus de 225 millions depuis 2018, soit le quart des dépenses totales de toutes les municipalités du Québec.

Date	Jan	Fév	Mars	Avr	Mai	Juin	Juil	Août	Sep	Oct	Nov	Déc	Moy.
2000-2008	75	73	72	60	63	67	69	69	74	73	76	76	70,6

Source : wofrance.fr/weather/

L'humidité de l'air est représentée par la quantité de vapeur d'eau dans l'air exprimée en %. Sa présence devient évidente lorsqu'elle se condense au sol sous la forme de brouillard. Le brouillard n'est pas fréquent à Montréal sauf en novembre et décembre au début de la journée ou avant le coucher de soleil. Comme les tempêtes de neige, il peut interrompre le trafic aérien et incommoder le transport routier. La moyenne annuelle à Dorval de 2000 à 2008 est de 71%. Sous cette moyenne, l'humidité est supportable d'avril à août. Elle devient désagréable si elle dépasse 71% de septembre à mars durant l'automne et l'hiver. Les trois mois d'hiver sont plus rigoureux à Montréal à cause de cette humidité au-delà de 73%.

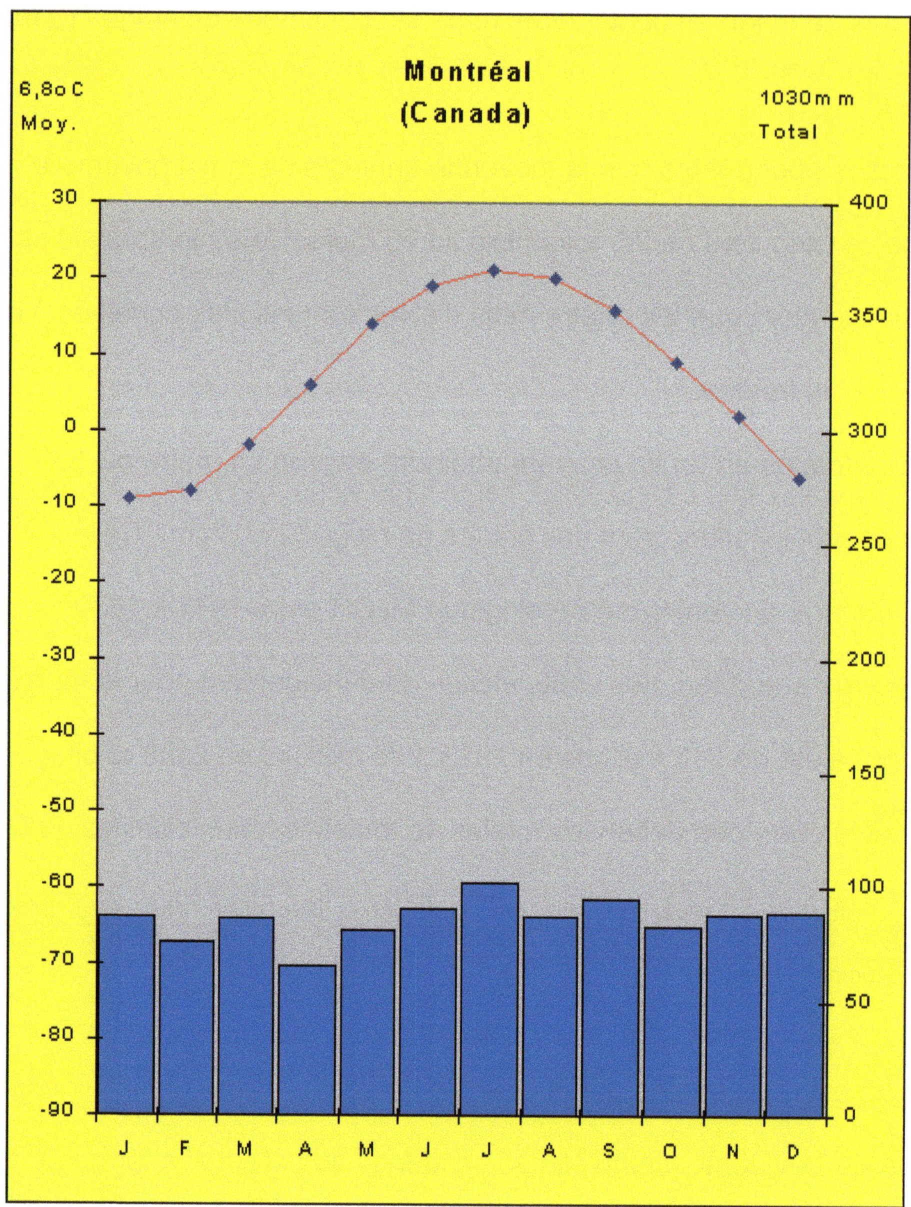

Ce climatogramme de Montréal permet de résumer le climat de Montréal. La température sous zéro dure quatre mois de décembre à mars. L'amplitude thermique entre juillet et janvier est de 30 degrés (20- (-10)). Les mois les plus chauds durent cinq mois de mai à septembre. La moyenne annuelle est de 6,8 degrés Celsius. Les précipitations sont régulières durant tous les mois de l'année. Elles totalisent 1030 mm ou un mètre par an. Durant l'hiver de quatre mois, la neige et la pluie occupent le tiers du total.

5.5 La qualité de l'air à Montréal

L'agglomération de Montréal s'est dotée d'un réseau de surveillance de la qualité de l'air (RSQA) qui comprend quinze stations d'échantillonnage. Ces stations mesurent en continu l'indice de la qualité de l'air qui dépend de la présence de cinq contaminants: les particules fines (PM2,5), l'ozone (O3), le dioxyde de soufre(SO2), les oxydes d'azote (NO2) et le monoxyde de carbone (CO). L'indice de pollution est bon s'il est compris entre 1 et 25, acceptable entre 26 et 50 et mauvais au-delà de 50.

Toutes les heures, un indice de la qualité de l'air est calculé à partir des cinq contaminants. Pour chacun d'eux mesuré à l'une ou l'autre des stations du RSQA, un sous-indice est d'abord calculé. Le sous-indice se calcule en divisant la concentration mesurée d'un polluant par la valeur de référence correspondante et en multipliant le résultat obtenu par 50. La valeur de référence d'un polluant est la concentration à partir de laquelle on considère que la qualité de l'air est «mauvaise». Cette valeur est déterminée selon des critères de protection de la santé humaine. Les valeurs de références sont les suivantes:

Polluant	Type de mesure	Valeur de référence
Ozone (O_3)	Moyenne horaire	82 ppb (partie par milliard)
Particules fines ($PM_{2,5}$)	Moyenne des trois dernières heures	35 µg/m^3 (microgramme/m3)
Dioxyde de soufre (SO_2)	Maximum sur quatre minutes[1]	200 ppb
Dioxyde d'azote (NO_2)	Moyenne horaire	213 ppb
Monoxyde de carbone (CO)	Moyenne horaire	30 ppm (partie par million)

Le sous-indice dont le résultat est le plus élevé est ensuite utilisé pour désigner l'indice de la qualité de l'air à cette station. Il n'est pas nécessaire que tous les polluants soient mesurés à une station pour calculer l'IQA. Voici un exemple de calcul où seuls l'ozone, les particules fines et le dioxyde de soufre sont mesurés à une station donnée.

Exemple: O3= (90 ppb / 82 ppb) X 50 = 55. PM2,5= (51 µg/m^3/ 35 µg/m^3) X 50 = 73. SO2 = (49 ppb / 200 ppb) X 50 = 12

L'indice de la qualité de l'air correspond au plus élevé des sous-indices :I*QA = 73*

L'IQA d'une région ou d'une ville correspond au plus élevé des indices de la qualité de l'air mesurés aux stations représentatives du territoire.

Source: http://www.iqa.environnement.gouv.qc.ca/contenu/calcul.htm

Le smog est une brume brunâtre épaisse, provenant d'un mélange d'au moins deux contaminants atmosphériques, qui limite la visibilité dans l'atmosphère. À Montréal, le nombre de jours de smog est basé sur une concentration de particules fines supérieure à 35 $\mu g/m^3$ (μg=microgramme) pendant au moins 3 heures sur 75% du territoire de l'agglomération.

En 2018, Montréal a subi 41 jours de mauvaise qualité de l'air dont six jours sont liés au smog. Les principales causes qui affectent l'air montréalais sont la circulation automobile, les industries, les activités du port et de l'aéroport, le chauffage au bois et les feux d'artifice en juillet, Les jours de smog sont concentrés en hiver car une baisse de température et l'absence de vents créent un air froid plus dense qui emprisonne au niveau du sol l'air pollué par les véhicules et les industries.

Parmi les 3 métropoles canadiennes, la qualité de l'air est moins bonne à Montréal (59) qu'à Toronto (50) ou Vancouver (24). À partir de 2018, la ville de Montréal a resserré un règlement de 2015 qui interdit tout chauffage au bois sauf si une panne d'électricité dure plus de trois heures.

Les résultats des indices mesurés à Montréal entre 2013 et 2018 démontrent une baisse du nombre de jours de smog. Une légère remontée entre 2016 et 2018 s'explique par les nombreux travaux de construction d'immeubles et des infrastructures dans le centre-ville.

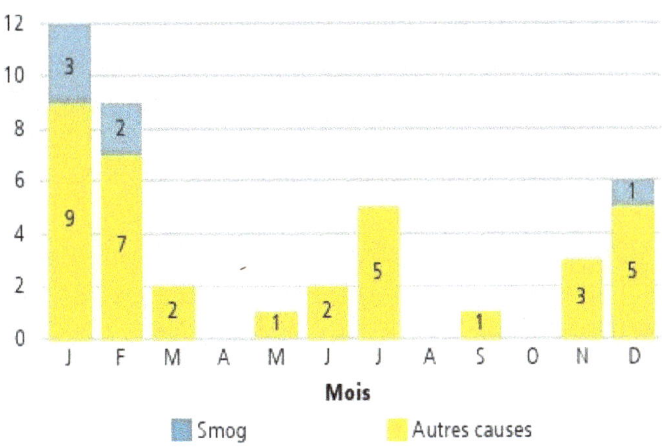

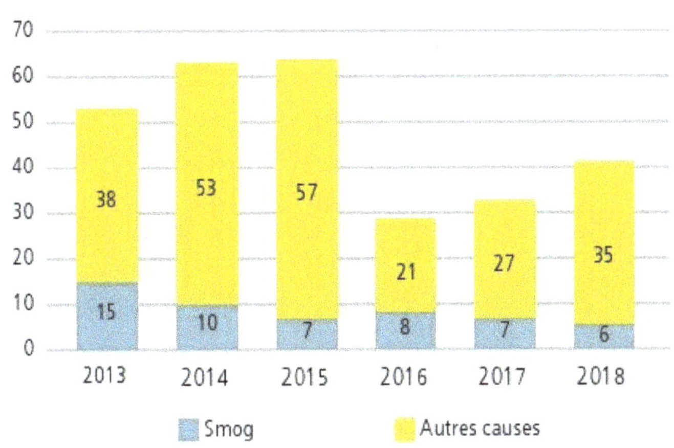

5.6 Conséquences du climat sur la vie des Montréalais

Les conditions climatiques et météorologiques entraînent des conséquences dans divers domaines de la vie des Montréalais: le trafic aérien, la croissance de la végétation, le chauffage domestique, la navigation maritime, les loisirs, l'habitat, etc.

Le transport aérien commercial bénéficie d'équipements modernes qui permettent un atterrissage en tout temps (ATT). Cependant, les pilotes des petits avions privés resteront soumis aux conditions météorologiques. Celles-ci ont des effets négatifs s'il y a du brouillard, de la poudrerie, des orages ou des nuages trop bas.

Pluie, température et soleil doivent être dosés d'une certaine manière afin de favoriser une croissance normale de la végétation . Ils permettent la vie d'une grande variété de conifères, de feuillus et de fleurs dans les parcs, le long des boulevards et des rues, et dans les parterres des habitations. La plaine entourant la métropole montréalaise est très fertile mais le rendement des récoltes dépend des conditions météorologiques: une température supérieure à 7°C, une période exempte de gel supérieure à 120 jours (4 mois), des précipitations régulières et une humidité suffisante.

Le chauffage domestique dépend surtout de deux ressources: l'hydroélectricité produite sur le territoire québécois et du gaz naturel provenant de l'ouest canadien. Il reste quelques habitations qui dépendent de l'huile à chauffage ou mazout à stocker pour une saison de chauffage assez longue de septembre à mai avec une pointe en janvier et février.

La voie maritime entre le port de Montréal et l'Atlantique reste ouverte toute l'année même en hiver grâce à l'utilisation de brise-glace. Mais la voie maritime entre Montréal et le lac Ontario sur 309 km reste fermée entre le 11 janvier et le 20 mars depuis 2017, mais reste accessible durant 298 jours par an. Sur ce parcours, cinq écluses canadiennes et deux écluses américaines soulèvent les navires de 75 m au-dessus du niveau de la mer.

Les loisirs en plein air changent selon les saisons: les activités d'hiver durent quatre mois de décembre à mars et les loisirs d'été sont présents plus longtemps de la mi-mai au début d'octobre. Durant toute l'année, plusieurs centres sportifs permettent de pratiquer divers sports sans tenir compte du climat, notamment le hockey, le soccer, le tennis et la natation.

Le climat rigoureux de Montréal a favorisé l'aménagement urbain souterrain. Un réseau de passages souterrains relient les stations de métro et de trains, les hôtels, les immeubles résidentiels et les galeries marchandes. Cet aménagement a débuté lors du creusement de la tranchée du Canadien National vers la gare Centrale (1938-43). Ces travaux de construction de galeries souterraines ont été facilités par la structure géologique du sous-sol formé de strates régulières de calcaire. Plusieurs places urbaines sont reliées entre elles:place Ville-Marie, gare centrale, place du Canada, place Victoria et place Bonaventure, place Alexis-Nihon et Westmount Square. La réussite de ces premiers aménagements en a entraîné d'autres: place Desjardins, place des Arts, place Concordia et palais des Congrès. Le centre-ville de Montréal souterrain est devenu un monde à trois dimensions qui préfigure l'avenir urbain. Il exploite au maximum un espace restreint en utilisant au minimum l'énergie pour le chauffage. Les déplacements automobiles, en métro et à pied se font sous terre. Les fonctions de gestion, de finance, de commerce, d'activités culturelles, de récréation et d'accueil y sont concentrées sans exclure les résidences dans les tours de condominium. D'autres aménagements urbains se sont adaptés aux rigueurs climatiques de Montréal: les centres commerciaux aux carrefours des autoroutes dans les banlieues, les écoles secondaires polyvalentes, les dômes sportifs de tennis et de soccer, les centres multisports, les cafés-terrasses vitrés, etc.

Le développement des industries polluantes s'est concentré dans la partie orientale de l'île à cause des vents dominants d'ouest et sud-ouest. Ces vents déplacent l'air pur et frais sur les quartiers résidentiels de l'ouest et du sud-ouest avant d'atteindre les quartiers industriels de l'est.

Quelques aménagements urbains sont moins appropriés aux conditions climatiques de Montréal: les escaliers extérieurs, la fenestration du côté nord et la disposition des maisons en rangée avec une façade du côté ouest. Les escaliers extérieurs posent des problèmes après une tempête de neige ou de verglas. Les fenêtres plus abondantes du côté nord exigent plus de chauffage durant l'hiver. Les façades de maison du côté ouest doivent se protéger contre les pluies et la neige déplacées par les vents d'ouest.

Chapitre 6 La démographie de Montréal

6.1 Nombre et densité

La population métropolitaine atteint les 4 millions de résidents dans les 82 municipalités de la CMM (communauté métropolitaine de Montréal).

Depuis sa fondation en 1642, la population urbaine s'est accrue rapidement de 1680 à 1961, puis son expansion s'est ralentie depuis 1971 à nos jours.

La part démographique de Montréal dans le Québec est passée de 15% en 1901, 24% en 1931, 40% en 1961 à 50% aujourd'hui.

La métropole de Montréal s'est développée avec les migrations des populations rurales vers la métropole et celles des jeunes venant des régions éloignées, et avec l'attrait des immigrants.

Depuis 1960, les familles du centre-ville de Montréal se sont déplacées vers les banlieues lointaines avec le développement des autoroutes dans les directions nord-sud et est-ouest..

Parmi les 82 municipalités de la CMM, les 6 municipalités qui ont le plus augmenté entre 1966 et 2016 sont des villes de banlieue éloignée. Kirkland est la seule ville de proche banlieue. Neuf municipalités du centre de l'île de Montréal ont régressé: Montréal, Baie-d'Urfé, Mont-Royal, Dorval, Westmount, Montréal-Ouest (Tableau de la page 68).

Depuis 2011, la population a progressé rapidement à plus de 5% en 15 ans. Il s'agit d'arrondissements proches du centre de l'île de Montréal et ayant accepté la construction de condominiums en hauteur. Les 5 arrondissements qui ont le plus augmenté en population sont les suivants: Ville-Marie, Sud-Ouest, Lachine, Ahuntsic-Cartierville et Saint-Laurent.

Les 15 villes liées de la banlieue ouest ont par contre perdu des résidents depuis 2011. Sept sur 15 ont diminué démographiquement. Seulement deux municipalités ont connu un progrès comparable à celui des arrondissements du centre de Montréal: Dorval et Mont-Royal. La construction du nouveau train au centre de l'Ouest de l'île devra attirer des nouveaux résidents si de nouveaux immeubles de condominiums avec des services et des commerces de proximité seront bâtis.

Depuis 1970, Montréal n'est plus la première métropole du Canada. Elle est dépassée par Toronto. Dans le monde francophone, Montréal a perdu son deuxième rang au profit de Kinshasa, capitale de la République démocratique du Congo.

Population dans les 82 municipalités de la CMM et son accroissement 1966-2016

Municipalités	1966	2016	Ac.%	Municipalités	1966	2016	Ac.%
Kirkland	659	20 151	2 958	Boucherville	15 338	41 671	172
Sainte-Julie	1 427	29 881	1 994	Chambly	10 798	29 120	170
Saint-Lazare	1 959	19 889	915	Pincourt	5 656	14 558	157
Blainville	6 258	56 863	809	St-Bruno-de-M.	10 712	26 394	146
Ste-Marthe-sur-le-Lac	1 999	18 074	804	Saint-Sulpice	1 418	3 439	143
Terrebonne	13 168	111 575	747	McMasterville	2 456	5 698	132
N-Dame-de-l'Île-Perrot	1 280	10 654	732	Pointe-des-Cascades	659	1 481	125
Mascouche	5 953	46 692	684	Richelieu	2 341	5 236	124
Boisbriand	3 498	26 884	669	Beloeil	10 152	22 458	121
Vaudreuil-sur-le-Lac	201	1 341	567	Rosemère	6 429	13 958	117
Candiac	3 178	21 047	562	Deux-Montagnes	8 069	17 496	117
Sainte-Catherine	2 801	17 047	509	Laval	196 088	422 993	116
Brossard	14 679	85 721	484	Contrecoeur	3 661	7 887	115
Saint-Amable	2 115	12 167	475	Verchères	3 028	5 835	93
Lorraine	1 627	9 352	475	Longueuil	129 944	239 700	84
L'Île-Cadieux	22	126	473	Saint-Jean-Baptiste	1 797	3 107	73
Pointe-Calumet	1 157	6 428	456	Châteauguay	27 767	47 906	73
Saint-Constant	4 971	27 359	450	Oka	2 284	3 824	67
Ste-Anne-des-Plaines	2 658	14 421	443	Sainte-Thérèse	15 628	25 989	66
Saint-Basile-le-Grand	3 395	17 059	402	Charlemagne	3 569	5 913	66
St-Mathieu-de-Beloeil	543	2 619	382	Saint-Isidore	1 638	2 608	59
Repentigny	18 540	84 285	355	Côte-Saint-Luc	20 546	32 448	58
Varennes	4 980	21 257	327	Terrasse-Vaudreuil	1 555	1 986	28
Vaudreuil-Dorion	9 138	38 117	317	Saint-Lambert	17 302	21 861	26
Mercier	3 234	13 115	306	Hudson	4 210	5 185	23
Saint-Joseph-du-Lac	1 663	6 687	302	Beaconsfield	15 702	19 324	23
Saint-Philippe	1 573	6 320	302	Ste-Anne-de-Bellevue	4 044	4 958	23
Dollard-des-Ormeaux	12 297	48 899	298	Pointe-Claire	26 784	31 380	17
Mont-Saint-Hilaire	4 807	18 585	287	Calixa-Lavallée	447	523	17
Les Cèdres	1 846	6 777	267	Hampstead	6 158	6 973	13
Mirabel	13 879	50 513	264	Léry	2 130	2 318	9
Saint-Eustache	12 738	44 008	245	Beauharnois	12 077	12 884	7
Saint-Mathieu	667	2 156	223	Montréal	1 750 970	1 704 694	-3
Carignan	2 975	9 462	218	Baie-d'Urfé	4 061	3 823	-6
L'Assomption	7 149	22 429	214	Mont-Royal	21 845	20 276	-7
St-Mathias	1 458	4 531	211	Dorval	20 905	18 980	-9
L'Île-Perrot	3 578	10 756	201	Westmount	24 107	20 312	-16
Bois-des-Filion	3 219	9 636	199	Montréal-Ouest	6 612	5 050	-24
La Prairie	8 122	24 110	197	L'Île-Dorval	7	5	-29
Delson	2 601	7 457	187	Montréal-Est	5 779	3 850	-33
Otterburn Park	3 065	8 421	175	Senneville	1 413	921	-35
				CMM	**2597163**	**3857893**	**49**

La densité démographique est égale à la population à une date précise divisée par la surface d'une entité donnée. La densité de la CMM en 2016 est 1005 habitants par km².
Seulement six municipalités ont des densités urbaines de plus de 3000 habitants par km². Elles sont situées dans l'île de Montréal: Westmount, Côte-Saint-Luc, Montréal, Hampstead, Montréal-Ouest et Dollard-des-Ormeaux.
À l'intérieur de la ville de Montréal, cinq des 19 arrondissements ont des densités qui dépassent les 7000 habitants au km². Il s'agit des arrondissements suivants: Le Plateau-Mont-Royal, Rosemont-La-Petite-Patrie, Villeray-Saint-Michel-Parc-Extension, Côte-des-Neiges-Notre-Dame et Montréal-Nord (Tableau de la page suivante).
Dix-sept municipalités de la CMM ont des densités moyennes entre 1000 et 3000 habitants par km². Toutes ces municipalités proches des transports collectifs par train ou métro vont connaître des densités de plus en plus grandes.
Les 48 municipalités des couronnes nord et sud de la CMM ont des densités faibles inférieures à 1000 habitants par km².
Enfin, onze municipalités à la périphérie de la CMM ont des densités de type rural inférieures à 100 habitants par km². (Tableau de la page suivante).
Toutes ces municipalités de faible densité devront se soumettre à des contraintes d'embouteillage sur les routes menant au centre de Montréal durant les heures de pointe. La plupart de ces petites villes ne peuvent avoir accès à un transport collectif. Les progrès du transport en commun se concentrent dans le centre de la métropole et dans ses banlieues proches.
La densité de Grand Montréal se compare à celle de New York (1096 habitants par km²). Mais elle est plus faible que les villes européennes ou asiatiques. Elle est de 3700 habitants par km² à Paris, 4553 à Tokyo et 44500 à Dacca, capitale du Bangladesh. Cette dernière est la plus élevée du monde en 2019.

Densité de la population dans les 82 municipalités de la CMM en 2016

Municipalités	Habitants	Sup.ha	Dens.	Municipalités	Habit.	Sup.ha	Dens.
Westmount	20 312	402	5 053	Saint-Bruno	26 394	4 224	625
Côte-Saint-Luc	32 448	681	4 765	Sainte-Julie	29 881	4 866	614
Montréal	1 704 694	36 394	4 684	Boucherville	41 671	7 116	586
Hampstead	6 973	177	3 940	Pointe-des-Cascades	1 481	263	563
Montréal-Ouest	5 050	142	3 556	La Prairie	24 110	4 345	555
Dollard-des-Ormeaux	48 899	1 499	3 262	Vaudreuil-Dorion	38 117	7 306	522
Saint-Lambert	21 861	759	2 880	Saint-Constant	27 359	5 704	480
Deux-Montagnes	17 496	616	2 840	Saint-Basile-le-Grand	17 059	3 584	476
Charlemagne	5 913	209	2 829	Ste-Anne-de-Bellevue	4 958	1 057	469
Sainte-Thérèse	25 989	935	2 780	Mascouche	46 692	10 686	437
Mont-Royal	20 276	746	2 718	Mont-Saint-Hilaire	18 585	4 382	424
Bois-des-Filion	9 636	445	2 165	N-D-de-l'Île-Perrot	10 654	2 806	380
Kirkland	20 151	962	2 095	Saint-Amable	12 167	3 673	331
Ste-Marthe-sur-le-Lac	18 074	863	2 094	Montréal-Est	3 850	1 222	315
Longueuil	239 700	11 585	2 069	Saint-Lazare	19 889	6 707	297
Pincourt	14 558	710	2 050	Mercier	13 115	4 594	285
L'Île-Perrot	10 756	543	1 981	Hudson	5 185	2 158	240
Brossard	85 721	4 506	1 902	Léry	2 318	1 018	228
Terrasse-Vaudreuil	1 986	108	1 839	L'Assomption	22 429	9 865	227
McMasterville	5 698	312	1 826	Varennes	21 257	9 488	224
Sainte-Catherine	17 047	941	1 812	L'Île-Cadieux	126	59	214
Beaconsfield	19 324	1 100	1 757	Beauharnois	12 884	6 717	192
Laval	422 993	24 614	1 719	Richelieu	5 236	3 094	169
Pointe-Claire	31 380	1 894	1 657	Saint-Joseph-du-Lac	6 687	4 139	162
Lorraine	9 352	589	1 588	Ste-Anne-des-Plaines	14 421	9 398	153
Otterburn Park	8 421	535	1 574	Carignan	9 462	6 232	152
Pointe-Calumet	6 428	455	1 413	Senneville	921	724	127
Repentigny	84 285	6 089	1 384	Contrecoeur	7 887	6 263	126
Châteauguay	47 906	3 597	1 332	Mirabel	50 513	48 394	104
Rosemère	13 958	1 071	1 303	Saint-Philippe	6 320	6 188	102
Candiac	21 047	1 720	1 224	St-Mathias/Richelieu	4 531	4 705	96
Chambly	29 120	2 508	1 161	Saint-Sulpice	3 439	3 603	95
Blainville	56 863	5 490	1 036	Les Cèdres	6 777	7 696	88
Vaudreuil-sur-le-Lac	1 341	137	979	Verchères	5 835	7 286	80
Delson	7 457	767	972	Saint-Mathieu	2 156	3 138	69
Boisbriand	26 884	2 783	966	St-Mathieu-de-Beloeil	2 619	3 902	67
Beloeil	22 458	2 431	924	Oka	3 824	6 905	55
Dorval	18 980	2 083	911	Saint-Isidore	2 608	5 199	50
Terrebonne	111 575	15 411	724	Saint-Jean-Baptiste	3 107	7 266	43
Baie-d'Urfé	3 823	603	634	L'Île-Dorval	5	19	26
Saint-Eustache	44 008	7 039	625	Calixa-Lavallée	523	3 274	16
NB. Densité 2016 = Hab./km2				**CMM**	**3857893**	**383716**	**1 005**

Notes Sup.ha=surface en hectares; Dens.= densité = Habitants./ km2

Population de l'agglomération de Montréal entre 2011 et 2016

Rg	Arrondissements depuis 2006	Km2	Pop.2011	Pop.2016	Var.%	Densité
1	Le Plateau-Mont-Royal	8,1	100390	104000	3,60	12 839,51
2	Rosemont–La Petite-Patrie	15,9	134038	139590	4,14	8 779,25
3	Villeray–Saint-Michel–Parc-Extension	16,5	142222	143853	1,15	8 718,36
4	Côte-des-Neiges–Notre-Dame-de-Grâce	21,4	165031	166520	0,90	7 781,31
5	Montréal-Nord	11,1	83868	84234	0,44	7 588,65
6	Verdun	9,7	66158	69229	4,64	7 137,01
7	Outremont	3,9	23566	23954	1,65	6 142,05
8	Saint-Léonard	13,5	75707	78305	3,43	5 800,37
9	Ahuntsic-Cartierville	24,2	126891	134245	5,80	5 547,31
10	Ville-Marie	16,5	84013	89170	6,14	5 404,24
11	Mercier–Hochelaga-Maisonneuve	25,4	131483	136024	3,45	5 355,28
12	Le Sud-Ouest	15,7	71546	78151	9,23	4 977,77
13	LaSalle	16,3	74276	76853	3,47	4 714,91
14	Anjou	13,7	41928	42796	2,07	3 123,80
15	Pierrefonds-Roxboro	27,1	68410	69297	1,30	2 557,08
16	Rivière-des-Prairies–Pointe-aux-Trembles	42,3	106437	106743	0,29	2 523,48
17	Lachine	17,7	41616	44489	6,90	2 513,50
18	Saint-Laurent	42,8	93842	98828	5,31	2 309,07
19	L'Île-Bizard–Sainte-Geneviève	23,6	18097	18413	1,75	780,21
	Ville de Montréal (19 arrondissements)	365,4	1649519	1704694	3,34	4 665,28
1	Westmount	4	19931	20312	1,91	5 078,00
2	Côte-Saont-Luc	6,9	32321	32448	0,39	4 702,61
3	Hampstead	1,8	7153	6973	-2,52	3 873,89
4	Montréal-Ouest	1,4	5085	5050	-0,69	3 607,14
5	Dollard-des-Ormeaux	15,2	49637	48899	-1,49	3 217,04
6	Mont-Royal	7,6	19503	20276	3,96	2 667,89
7	Kirkland	9,6	21253	20151	-5,19	2 099,06
8	Beaconsfield	11	19505	19324	-0,93	1 756,73
9	Pointe-Claire	18,8	30790	31380	1,92	1 669,15
10	Dorval	20,9	18208	18980	4,24	908,13
11	Baie-D'urfé	6	3850	3823	-0,70	637,17
12	Sainte-Anne-de-Bellevue	10,6	5073	4958	-2,27	467,74
13	Montréal-Est	12,5	3728	3850	3,27	308,00
14	Senneville	7,5	920	921	0,11	122,80
15	L'Île-Dorval	0,2	5	5	0,00	25,00
	Villes liées de l'agglomération	134	236962	237350	0,16	1 771,27
	Agglomération de Montréal	499,4	1886481	1942044	2,95	3 888,75

Notes. Km2= surface en km²; Pop.= population;Var.%= variation entre 2011 et 2016.

Densité : Population de 2016 / km2

6.2 Structure démographique du Grand Montréal

La meilleure manière de décrire la structure démographique est d'utiliser le graphique qui montre les groupes d'âges répartis selon le genre féminin et le genre masculin. Ce graphique prend la forme d'une pyramide dénommée la pyramide des âges d'un lieu donné.

Dans le territoire de la CMM, les six pyramides des âges ci-dessous permettent de distinguer trois types de structure.

La pyramide des âges de l'agglomération de Montréal met en évidence un groupe de jeunes peu nombreux, un groupe important d'adultes de 20 à 64 ans et un groupe d'aînés plus grand que celui des jeunes. Dans le groupe de plus de 65 ans, les aînées sont plus nombreuses que les aînés.

Dans les agglomérations de Laval et de Longueuil, le groupe des jeunes enfants est très important et plus nombreux que celui des aînés. Le groupe des adultes de 35 à 64 ans est également nombreux. Ce sont surtout des parents avec de jeunes enfants qui vivent dans des banlieues résidentielles individuelles nées avec le déplacement en automobiles sur un nouveau réseau d'autoroutes modernes..

Ce type de structure est encore plus prononcé dans les couronnes nord et sud de la CMM. Les familles sont plus jeunes ainsi que les adultes. Le groupe des aînés est aussi moins nombreux. Ces familles ont choisi des résidences moins chères dans des municipalités où les taxes foncières sont plus faibles avec un accès à un réseau autoroutier de plus en plus étendu.

Globalement, la structure démographique du Grand Montréal se caractérise par une population qui diminue dans les groupes d'enfants et des jeunes adultes de moins de 40 ans. La population de plus 40 ans devient plus importante et va entraîner dans le futur un vieillissement général avec une prédominance des femmes aînées.

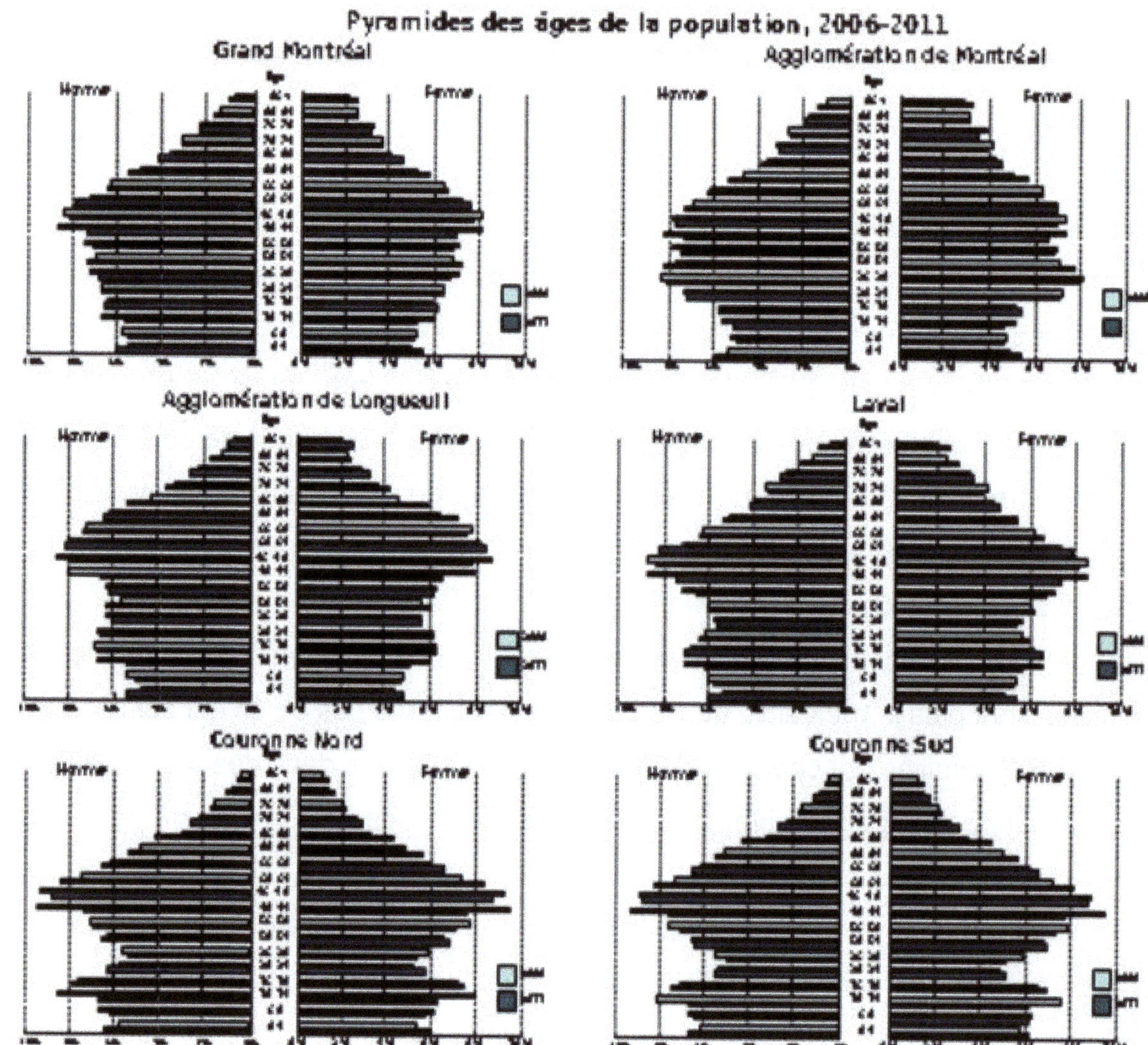
Pyramides des âges de la population, 2006-2011
Grand Montréal
Agglomération de Montréal
Agglomération de Longueuil
Laval
Couronne Nord
Couronne Sud

6.3 Les groupes linguistiques

Les groupes linguistiques au Québec sont répartis en trois groupes : le groupe francophone, le groupe anglophone et le groupe allophone. Ce dernier est basé sur les personnes dont la langue maternelle est autre que le français ou l'anglais.

Dans la CMM, la répartition de ces trois groupes est très différente de celle de l'ensemble du Québec.

Entre 1971 et 2011, la proportion du groupe francophone a légèrement augmenté et domine à 81%. Le groupe anglophone a légèrement diminué alors que le groupe allophone a augmenté.

Dans la CMM entre 1971 et 2011, la population francophone a légèrement baissé de 66% à 63%. La population anglophone a fortement diminué de 22 à 12%. Mais la population allophone a doublé de 12 à 25%.

La situation linguistique sur l'île de Montréal est très différente de celle du reste de la CMM et du Québec. La population francophone a fortement diminué de 61% à 49% entre 1971 et 2011. Les résidents francophones ont migré vers les banlieues périphériques et sont remplacés par des immigrants majoritairement allophones.

La population anglophone est également descendue de 24% à 17% suite à la loi 101 qui exige aux immigrants non anglophones de fréquenter les écoles francophones des niveaux maternelles, primaires et secondaires entre 5 et 17 ans. La population allophone a doublé de 15 à 34%. Cette population allophone remplace la place occupée autrefois par les anglophones.

Les anglophones et autochtones de Montréal ont leur langue protégée dans leur lieu de résidence où ils prédominent. Montréal possède deux universités anglophones et une réserve Mohawk.

Voici les 10 premières langues maternelles allophones de l'agglomération de Montréal: l'arabe, l'espagnol, l'italien, le chinois, le créole, le grec, le vietnamien, le russe, le portugais et le roumain.

Les 6 premiers pays d'origine des 34% de la population de l'île sont: Haïti, Algérie, Italie, France, Maroc et Chine. Les immigrants haïtiens, algériens et marocains ne sont pas tous francophones.

Le seul territoire autochtone est peuplé de 8550 Mohawks à Kahnawake dans la couronne Sud . Les 2045 Mohawks de Kanesatake ne sont pas dans le territoire de la CMM.

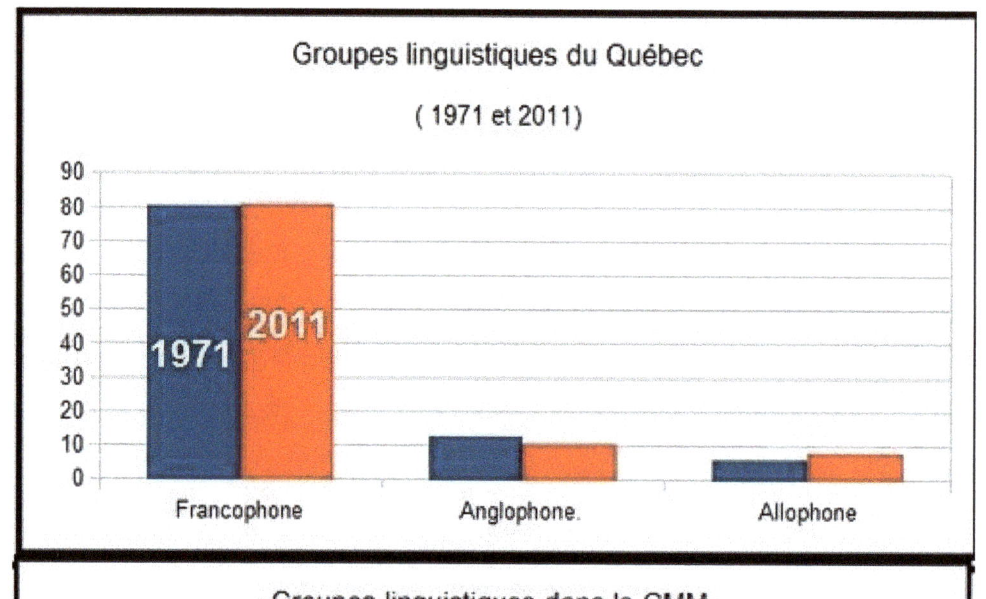
Groupes linguistiques du Québec
(1971 et 2011)
90
80
70
60
50
40
30
20
10
0
1971
2011
Francophone
Anglophone.
Allophone

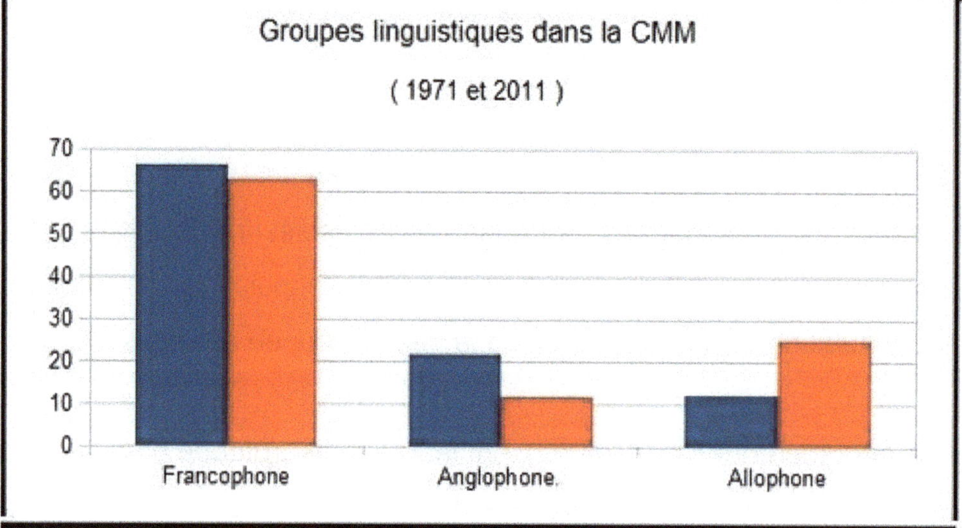
Groupes linguistiques dans la CMM
(1971 et 2011)
70
60
50
40
30
20
10
0
Francophone
Anglophone.
Allophone

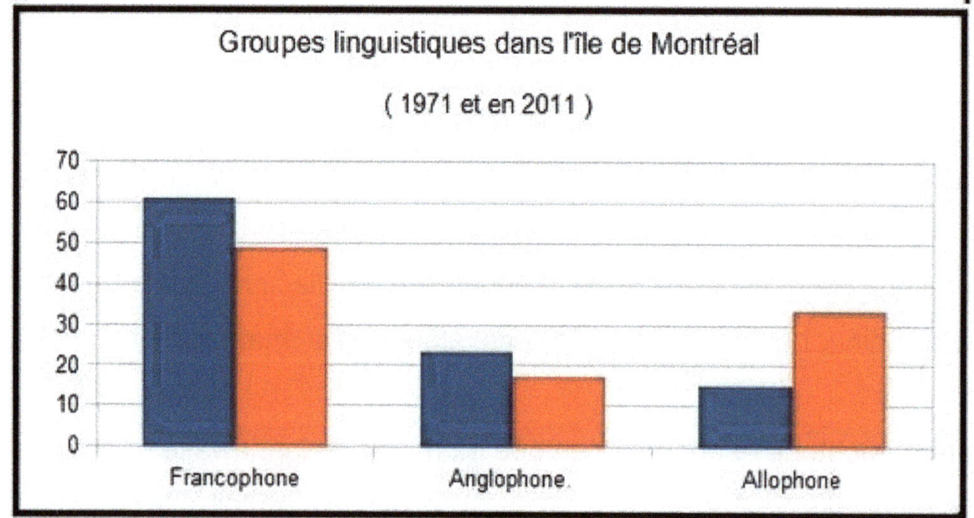
Groupes linguistiques dans l'île de Montréal
(1971 et en 2011)
70
60
50
40
30
20
10
0
Francophone
Anglophone.
Allophone

6.4 L'aspect politique du territoire montréalais

La ville de Montréal prête souvent à confusion ou bien c'est la municipalité, ou bien l'agglomération ou encore la métropole

Pour comprendre le contexte politique actuel, voici un résumé des diverses représentations politiques dans le territoire métropolitain montréalais

Au sommet de cette hiérarchie, se trouve la Communauté métropolitaine de Montréal (CMM). La CMM est une institution publique créée par une loi en 2001. Elle a des compétences de planification sur un territoire de plus de 4300 km².

Les affaires de la CMM sont dirigées par un conseil de 28 membres provenant des municipalités et des agglomérations à l'intérieur du territoire montréalais. Ce conseil confie à son comité exécutif de 8 membres nommés l'administration des affaires de la CMM.

De plus, le conseil de la CMM a créé 5 commissions consultatives permanentes dans 5 domaines: l'environnement, le développement économique, les équipements et finances, le logement social et le transport.

Sous cette structure régionale de la CMM, il y a des conseils d'agglomération, des conseils de MRC (municipalité régionale de comté) et des conseils municipaux dans 82 municipalités.

Depuis 2006, deux conseils d'agglomération ont été créés celui de l'île de Montréal et celui de Longueuil sur la rive sud de Montréal.

Le conseil de l'agglomération de Montréal est composé de 30 membres. Il est divisé en deux groupes le conseil municipal de Montréal composé de 65 membres élus dans 19 arrondissements et le groupe de 15 municipalités liées situées surtout dans la partie ouest de l'île. Ces 15 villes liées ont des conseils formés pour un total possible de 91 membres élus (14x7). La municipalité de l'Île-Dorval est représentée par le conseil municipal de Dorval.

L'agglomération de Longueuil a un conseil de 10 membres choisis dans les 5 municipalités de son territoire. Chacune des 5 municipalités a son propre conseil de ville: Longueuil (17), Boucherville (9), Brossard (10), Saint-Bruno-de-Montarville (9) et Saint-Lambert (9). Ces 5 conseils sont ainsi représentés par 54 membres élus.

Depuis 1965, les 14 municipalités de l'île Jésus se sont fusionnées en formant la ville de Laval. Cette ville est dirigée par un conseil municipal de 22 membres dont le maire et les 21 conseillers provenant des 21 districts électoraux.

Dans les couronnes Nord et Sud, il reste 60 municipalités: 20 dans la couronne Nord et 40 dans la couronne Sud. Sur ces 60 municipalités, 59 font partie de 13 MRC et une seule a son propre conseil autonome, soit la ville de Mirabel.

Chacune des 13 MRC a son propre conseil formé d'un préfet et de conseillers provenant des 59 municipalités. Le nombre possible des membres élus est de 60 multiplié par 7, plus les 13 préfets de MRC, soit un total de 433.

Le nombre total de personnes élues dans les divers paliers de la CMM peut atteindre 665 (65+91+54+22+433). Ces personnes élues se retrouvent dans les trois dimensions territoriales suivantes:

A: La communauté métropolitaine de Montréal (CMM) ou le Grand Montréal,

B: L'agglomération de Montréal ou l'île de Montréal

et C: La municipalité de Montréal ou la ville de Montréal.

La mairesse de Montréal Valérie Plante, élue en 2017 dans l'arrondissement de Ville-Marie, est la mairesse des 3 territoires montréalais. L'arrondissement de Ville-Marie est situé dans le site historique de Montréal qui se nomme aujourd'hui le Vieux-Montréal,

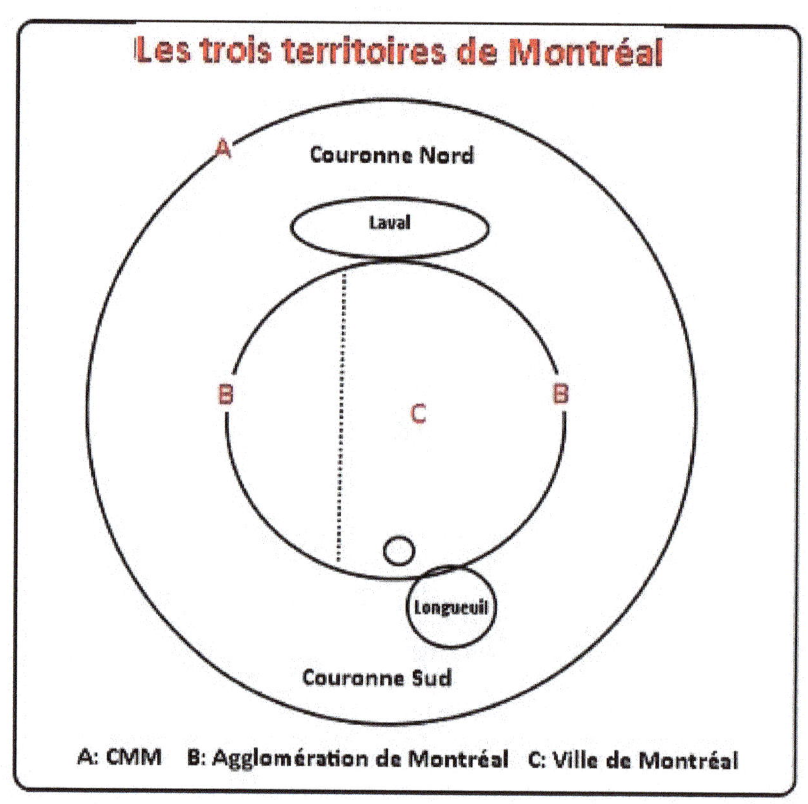

Conclusion

Le territoire métropolitain de Montréal a débuté son expansion urbaine à partir d'un site exceptionnel entre le fleuve Saint-Laurent et le massif du mont Royal.

Par sa situation frontalière, la métropole de Montréal est reliée par un réseau hydrographique, ferroviaire et autoroutier très étendu avec les métropoles du Québec, du Canada et des États-Unis.

La superficie et les distances des cinq composantes du territoire métropolitain permettent à Montréal de continuer à se développer dans un environnement sain où le tiers du territoire est composé de parcs, de forêts et de vastes lacs fluviaux. Dans les cours d'eau, plus de 200 îles sont des espaces protégés riches en flore et faune.

Le climat continental de Montréal est caractérisé par deux saisons contrastées à la fois de type tropical l'été et de type nordique durant l'hiver.

Le territoire de Montréal est peuplé de plus de 4 millions d'habitants cosmopolites dont le tiers provient de tous les continents du monde.

La métropole de Montréal demeure une grande métropole francophone qui a su défendre sa culture française sur un territoire physique diversifié et très attractif.

Bibliographie: sites web comme source de documentation

Cartes de la CMM http://cmm.qc.ca/documentation/?tx_solr[filter][0]=typedocHierarchy%3A%2FCartes

Le mont Royal https://www.lemontroyal.qc.ca/fr

Rivières cachées https://www.quebecscience.qc.ca/environnement/retrouver-nos-rivieres-cachees/

Cours d'eau de la région montréalaise http://www.zipvillemarie.org/cours-deau.html

Toporama de Atlas Canada https://atlas.gc.ca/toporama/fr/index.html

Topographic-map https://fr-ca.topographic-map.com/maps/fita/Montr%C3%A9al/

Cartes des zones inondables:
https://services-mddelcc.maps.arcgis.com/apps/webappviewer/index.html?id=02450093891d41258e8b1ce54c2968e0

Toponymes Canada
https://www.rncan.gc.ca/cartes-outils-et-publications/cartes/toponymes-canada/10804
Toponymie Québec http://www.toponymie.gouv.qc.ca/CT/toposweb/recherche.aspx

Fleuves en longueur https://fr.wikipedia.org/wiki/Liste_des_plus_longs_cours_d%27eau

Conseil international du lac Ontario et le fleuve Saint-Laurent et son plan 2014:
https://ijc.org/sites/default/files/Plan2014_Recueil_dinformation.pdf

Surveillance des crues sur le Saint-Laurent à partir du niveau du lac Ontario :
https://www.nation.on.ca/fr/veille-de-crue-fleuve-saint-laurent-%E2%80%93-mise-%C3%A0-jour-no-1

InfoNIVEAU : Niveau des Grands Lacs et du Saint-Laurent :

https://www.canada.ca/content/dam/eccc/levelnews/2019/LEVELnews_02_2019_f.pdf

Centre d'expertise hydrique du Québec (niveau d'eau et débit) :
https://www.cehq.gouv.qc.ca/hydrometrie/index.htm

Lac Des-Deux-Montagnes https://fr.wikipedia.org/wiki/Lac_des_Deux_Montagnes
Lac Saint-Louis https://fr.wikipedia.org/wiki/Lac_Saint-Louis

Données climatiques de Montréal
http://climat.meteo.gc.ca/climate_normals/results_1981_2010_f.html?stnID=5415&autofwd=1
Climat de Montréal https://www.wofrance.fr/Quebec/Montreal.htm

Qualité de l'air Québec http://www.iqa.environnement.gouv.qc.ca/contenu/index.asp
Qualité de l'air mondiale https://www.airvisual.com/fr/world-air-quality

Environnement-Montréal http://ville.montreal.qc.ca/portal/page?_pageid=7237,75875911&_dad=portal&_schema=PORTAL

Carte Frontières Rivières https://www.mapquest.com/

Cartes interactives de Geoweb Laval
https://www.laval.ca/Pages/Fr/Nouvelles/geoweb-nouveau-site-cartes-interactives.aspx

Carte de Terrebonne
https://www.ville.terrebonne.qc.ca/uploads/html_content/terrebonne_docs/Profil_statistique.pdf

Carte cadastrale de Blainville https://jmap.ville.blainville.qc.ca/CartoWeb/

Navigation sur la rivière des Mille-Îles http://www.navigationquebec.com/fiche_lac.php?l_id=119
Navigation sur le lac des Deux-Montagnes http://www.navigationquebec.com/fiche_lac.php?l_id=121

Route de Champlain sur la rivière des Prairies https://www.laroutedechamplain.com/

Tourisme Kaknawake http://kahnawaketourism.com/fr/

Cartovista de ISQ http://www.stat.gouv.qc.ca/cartovista/code_geo_html_fr/index.html

Gîtes et gisements https://www.donneesquebec.ca/recherche/fr/dataset/indices-gites-et-gisements

Carte interactive gisements
http://sigeom.mines.gouv.qc.ca/signet/classes/I1108_afchCarteIntr

Conservation Nature Canada (CNC) www.natureconserving.ca/fr

Refuge d'oiseaux migrateurs (ROM) https://www.canada.ca/fr/environnement-changement-climatique/services/refuges-oiseaux-migrateurs/ensemble.html#_ROM_QC
Refuge faunique du ministère québecois Forêts, Faune et Parcs https://mffp.gouv.qc.ca/la-faune/territoires-fauniques/
Les îles entourant Montréal SRC https://ici.radio-canada.ca/nouvelle/1046504/iles-autour-montreal-reponse-en-carte-kayak-protection
Protection des oiseaux du Québec https://pqspb.org/bpqpoq/?lang=fr
Recensement cartographique des anciens cours d'eau de Montréal
https://papyrus.bib.umontreal.ca/xmlui/handle/1866/16311
Population dans le monde https://cmm.qc.ca/a-propos/territoires-et-municipalites/

Population du Québec :
https://www.stat.gouv.qc.ca/statistiques/population-demographie/structure/102.htm
Portail de la ville de Montréal https://montreal.ca/
Portail de la CMM https://cmm.qc.ca/

www.ingramcontent.com/pod-product-compliance
Ingram Content Group UK Ltd.
Pitfield, Milton Keynes, MK11 3LW, UK
UKHW050147280726
14058UKWH00007B/884